高职高专"十二五"规划教材

钣金与铆接实训

主　编　刘增华　古　英
主　审　胡文彬

北京航空航天大学出版社

内 容 简 介

本书根据教育部高等职业教育加强实训教学的基本要求以及新的有关标准编写而成。全书共分 9 大部分,其中正文内容包括钣金与铆接工艺常识、展开放样训练、薄板加工设备的操作训练、常用手用电动工具的使用、钣金与铆接的基本操作训练、通风管道的制作与组装、铆接件的制作,附录内容包括自由制作以及冷作工和铆工专业技能证书考评试题。正文各部分均附有一定数量的习题。

本书可作为大中专院校飞行器制造工艺和汽车钣金专业钣金与铆接技能训练的教材,也可供相关专业以及钣金与铆接行业的工程技术人员和从业人员学习参考。

图书在版编目(CIP)数据

钣金与铆接实训 / 刘增华,古英主编. -- 北京 :
北京航空航天大学出版社,2013.8
 ISBN 978 - 7 - 5124 - 1176 - 0

Ⅰ. ①钣… Ⅱ. ①刘… ②古… Ⅲ. ①钣金工-高等
职业教育-教材 ②铆接-高等职业教育-教材 Ⅳ.
①TG382②TH131.1

中国版本图书馆 CIP 数据核字(2013)第 142074 号

钣金与铆接实训
主 编 刘增华 古 英
主 审 胡文彬
责任编辑 一 蒔

*

北京航空航天大学出版社出版发行

北京市海淀区学院路 37 号(邮编 100191) http://www.buaapress.com.cn
发行部电话:(010)82317024 传真:(010)82328026
读者信箱: goodtextbook@126.com 邮购电话:(010)82316936
北京时代华都印刷有限公司印装 各地书店经销

*

开本:787×1 092 1/16 印张:9 字数:230 千字
2013 年 8 月第 1 版 2013 年 8 月第 1 次印刷 印数:3 000 册
ISBN 978 - 7 - 5124 - 1176 - 0 定价:18.00 元

前　言

目前,钣金与铆接成形工艺在诸多行业中获得了广泛的应用,钣金与铆接成形产品也达到了一个崭新的水平,社会各个行业对钣金与铆接成形工艺的专业技术人才的需求量越来越大。因此,培养高素质的钣金与铆接成形工艺的专业技术人才是大中专院校广大教师应当承担的重要责任和义务。

随着航空航天产品中飞船、飞机制造技术的发展,船舶制造技术的发展,特别是汽车、拖拉机和日用五金制造工业的发展,近些年来我国金属材料的产量迅速提高,品种不断增多,以钢代木已成现实,这使得钣金与铆接成形技术在制造业中占据着重要地位。而且由于轻钢结构的优越性,所以钣金与铆接成形技术在民用建设中的应用也得到迅速发展,土木建筑正在迅速地被钢结构所代替,"秦砖汉瓦"的时代即将过去。

中国正在成为"世界工厂",随着建设工程需求的日益增加,各个地方的中小企业和乡镇企业迅速发展,从事金属钣金与铆接成形工艺的工人和技术人员迅速增加,钣金与铆接成形工艺已成为制造和建筑行业中的热门技术。随着科技水平的迅速提高、现代加工工艺及设备的不断涌现,钣金与铆接成形工艺也在发生着深刻的变化。基于这种发展趋势,作者根据自己长期从事板料金属塑性加工工艺、钣金与铆接成形工艺及设备的教学体会,以及近些年对钣金与铆接成形加工生产的调查总结,参考国内外有关文献,编写了本书。

作者编写本书的立意点是:从钣金与铆接成形工艺的入门和提高的实际需要出发,加强综合练习环节,培养学生的实做动手能力,为提高学生的技能水平打下基础。在本书编写的过程中,作者参考了国内外有关文献和研究成果,邀请了部分富有实训经验的教师、技艺精湛的技能人才参与教材写作研讨,力求对钣金与铆接成形工艺形成较全面的认识。本书尽量突出具体工艺方法的应用,以提高学生分析问题和解决问题的能力;本书还提供了详细的参考资料和钣金件、冲压件的相关数据,以便学生能够独立地完成操作技能的项目。

本书的特色主要体现在以下几个方面:

(1) 内容从入门起步,以中级工水平为准绳,力争达到高级工的要求;工艺理论部分简明适用,编排合理,通俗易懂;推陈出新,着重介绍当代钣金与铆接制造的新技术、新工艺。

(2) 技能训练项目选择得当,以项目的形式来组织相关的专业工艺知识,内容衔接紧凑,难度逐步增大;针对高职学生基础好、阅读能力强、学过制图、会用计算机等长处,选用钣金与铆接技术中难度较高的展开放样技术作为必修项目,并且在用传统的几何法进行展开训练的同时，安排计算机辅助展开作业。

（3）突出实践性和实用性，紧贴实际工作，对工艺过程、操作要点、注意事项讲述详细，引导得法；在基本操作技能训练的基础上，重点阐述工艺方案，以提高学生的运用技能；采用强化训练模式，力求使学生在最短的时间内取得技能方面最大的提高。

（4）利用计算机开展编程、计算和展开，在展开放样理论方面有所创新。通过展开放样编程、计算的应用和钣金与铆接展开常用编程计算公式的介绍，构建展开理论的新体系，浅显明了。通过实例讲评，不仅阐述展开放样的道理，还介绍展开放样在实际应用中的简单方法和技巧。

本书注重实用性，选材源于实际工作中的经验总结，叙述力求通俗易懂、简明扼要。

本书由四川航天职业技术学院的刘增华、古英任主编。本书编写人员的分工如下："入门指导　钣金与铆接工艺常识"和"附录A　自由制作"由古英编写，"实训项目一　展开放样训练"由丁昌昆编写，"实训项目二　薄板加工设备的操作训练"和"实训项目三　常用手用电动工具的使用"由刘增华编写，"实训项目四　钣金与铆接的基本操作训练"由赵忠元编写，"实训项目五　通风管道的制作与组装"由刘清杰编写，"实训项目六　铆接件的制作"由张凯编写，"附录B　冷作工和铆工专业技能证书考评试题"由邓光凯编写。全书由胡文彬教授担任主审。

作者希望本书不但能成为大中专院校飞行器制造工艺和汽车钣金专业钣金与铆接技能训练的教材，也能成为从事机械制造工程和建筑安装行业中制造、安装和检修等专业技术工人的有益参考书，同时也能成为金属结构厂和设备制造厂的钣金工、冲工、管工和铆工等专业技术工人的自学辅导书和培训教材；作者也希望本书对钣金与铆接成形工艺有关的工程技术人员和设计人员能有一定的参考价值。

由于作者水平有限，且编写时间较仓促，书中不当之处在所难免，恳请同行、读者提出宝贵意见。

作　者

2013 年 6 月

目　　录

入门指导　钣金与铆接工艺常识

【学习目标】

　　钣金与铆接工艺是利用各种加工手段使原材料、半成品转变为满足设计要求的产品的方法和过程。它不仅能直接提供人民生活所需的消费品,而且能为国民经济各个行业提供技术装备。本章主要介绍钣金与铆接工艺的常识,为后续的各实训项目打下基础。

　　建议本章作为学生的阅读部分。学生完成本章学习后,应该能够:

　　(1) 了解钣金与铆接制品的应用;

　　(2) 掌握钣金与铆接制品的常用材料;

　　(3) 掌握钣金与铆接制品的连接方式;

　　(4) 掌握钣金与铆接制品的制作工艺;

　　(5) 熟悉钣金冷作工与铆工的工种特点。

【学习内容】

　　(1) 钣金与铆接制品的应用;

　　(2) 钣金与铆接制品的常用材料;

　　(3) 钣金与铆接制品的连接方式;

　　(4) 钣金与铆接制品的制作工艺;

　　(5) 钣金冷作工与铆工的工种特点。

一、钣金与铆接制品的应用

　　所谓钣金与铆接制品,是指主要以金属板材为原料,按预定的设计制造而成的生产与生活中需要的各种用品。

　　钣金与铆接制品的应用范围非常广泛,主要有以下几个方面。

1. 金属外壳

　　如图 1-1 所示,汽车、机车、舰船、坦克、飞机、火箭、配电柜、防护罩、机床设备、电器设备、电子设备、电信设备、日用电器等的金属外壳均是典型的钣金与铆接制品。

2. 金属容器

　　如图 1-2 所示,化工反应釜、塔类设备、锅炉、压力容器、储罐气柜、货柜集装箱等金属容器是技术性要求很高的钣金与铆接制品。

3. 金属管道

　　如图 1-3 所示,石油天然气管道、通风空调管道、给排水管道、烟道烟囱等金属管道及管道连接件是建设工程中常用的钣金与铆接制品。

4. 金属结构

　　如图 1-4 所示,建筑钢结构、金属门窗、设备底盘支架、桥梁桥架、钢梁铁塔、采油平台、工程机构、运输机构、生产线等金属结构是发展迅速、应用日益广泛的钣金与铆接制品。

图 1-1　金属外壳类钣金与铆接制品

器是技术要求很高的钣金制品。

图 1-2　金属容器类钣金与铆接制品

图 1-3　金属管道类钣金与铆接制品

图 1-4 金属结构类钣金与铆接制品

5. 日用五金

如图 1-5 所示,瓢盆锅灶、铰链反扣、金属盒柜、文具器具、开关板、接线盒等日用五金产品随处可见,钣金与铆接制品与我们的工作和生活息息相关。

图 1-5 日用五金类钣金与铆接制品

6. 金属艺术造型

(1) 铁艺制品

铁艺是古老的工艺,它积淀了厚重的历史文化。铁艺制品广泛应用在大门栏杆、建筑装饰和室内装饰方面。图 1-6 中金属栏杆的古典造型具有豪华典雅的气派。

图 1-6 铁艺制品——金属栏杆

（2）家具、灯具

具有金属艺术造型的家具、灯具等制品呈现了简洁、清新、明快的新风格,而金属的强度、弹性、塑性的巧妙利用,更使其造型艺术、耐用性和舒适感得到完美的表现。图1-7中的立灯与靠椅就是其中的2个例子。

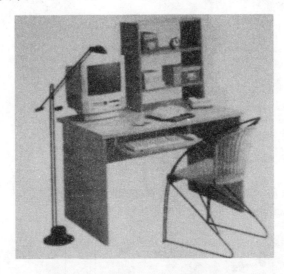

图1-7　钣金制品——立灯与靠椅

（3）金属雕塑

如图1-8所示,现代城市中雕塑大量涌现,并赢得了大众的驻足和赞赏。人们欣赏它的美,也惊异于其制作的精湛。这些金属雕塑是钣金与铆接工艺相结合的完美的艺术造型。金属雕塑除了给大众以美的享受外,也使钣金与铆接制品大大升值,显示了钣金与铆接应用的一个诱人的前景。

图1-8　金属雕塑

二、钣金与铆接制品的常用材料

钣金与铆接制品的常用材料很多,但其主要材料是板材和型材。它们都是生产厂家按统一的标准、系统和规格生产的。只有了解了这些材料的材质、类别与规格,才能正确、快捷地选用。

1. 板　材

(1) 分　类

板材分类的方法很多,选择一个共性就对应一种分法。例如:

按材质分类:金属板、非金属板,钢板、铝板、铜板,PVC 板、有机玻璃板,复合板、镀锌板、电解板等。

按用途分类:普通结构钢板、锅炉钢板、造船钢板、弹簧钢板等。

按厚度分类:厚板、中板、薄板等。

(2) 牌　号

牌号是材质的标志,如 Q235、20g、16Mn、45 钢、1Cr18Ni9Ni 等。

(3) 规　格

规格是形状大小的规定。板材的规格就是宽度×长度×厚度,单位为 mm(毫米),例如,镀锌板 1 000×2 000×0.6、电解板 1 220×2 440×1.5、不锈钢板(SUS304)1 000×2 000×0.8 等。

2. 型　材

(1) 类　型

型材一般按横截面的形状来划分类型。以型钢为例,它就包括圆钢、扁钢、方钢、角钢、槽钢、工字钢、钢管、方通、异形管等类型。

同一种型材也有多种规格,如∠45×3.5、∠100×60×7、ϕ20 螺纹钢、ϕ32 螺纹钢、ϕ219 无缝钢管、ϕ108 无缝钢管等。

(2) 常用材料

型材可用不同材质的材料制成,常用的材料有钢材、铝材、铜材等。

三、钣金与铆接制品的连接方式

机械连接、焊接和粘接统称为三大连接技术,在钣金与铆接制品的制造中都有应用,尤其是前两种连接技术的应用更为广泛。

机械连接中的螺栓连接最为常见,因为它是一种可拆卸的固定连接,其地位独特,不可替代。把螺栓连接接头中的螺栓换为适当的铆钉并铆合它们,就成为铆钉连接。铆钉连接是一种不可拆卸的机械连接,其连接可靠,抗振性能好,沿用历史悠久。但铆钉连接工艺复杂,劳神费力,工作量大,劳动强度大且操作麻烦,对技能要求高,因而铆钉连接在许多场合逐渐被焊接等连接方式所取代。但在高振结构连接、不同材质的板材连接、薄板连接中,铆钉连接依然应用广泛。法兰连接是一种可拆卸的机械连接,其安装拆卸都很方便,常用于管段之间、部件之间的连接和需要经常拆卸的连接。

对可焊性能好的金属板材的连接,目前首选的方式是焊接。焊接的方法很多,所用专业设备也很多,而且使用方便,快捷有效。一铆一焊是钣金与铆接制品制作中的连接之王,因而人们常把钣金与铆接制造车间叫做铆焊车间。

由于操作方便,应用范围广,所以粘接近几年的发展也很快,前景可观,但由于连接强度方面的限制,故粘接暂时还占据不了连接技术的主导地位。机械连接中还有一类是胀接,如胀管,常用在锅炉筒与水冷壁管的连接中。另外,还有冲点、嵌缝、榫接等连接方式,因为它们在钣金与铆接制品的制作中尚未通用,这里就不作介绍了。

钣金与铆接制品可分为厚板制品和薄板制品。厚板制品常用的连接方式有螺栓连接、铆钉连接、焊接、胀接和法兰连接;薄板制品常用的连接方式有咬口连接、铆钉连接(手铆、机铆、拉铆)、法兰连接、焊接(电焊、气焊、锡焊、点焊)、粘接和冲点连接,其中咬口连接应用甚广。

四、钣金与铆接制品的制作工艺

1. 一般钣金与铆接制品的工艺过程

一般钣金与铆接制品的工艺过程如图 1-9 所示。

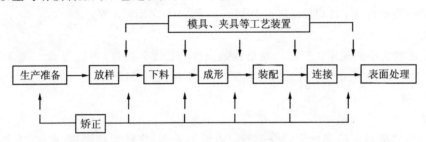

图 1-9　一般钣金与铆接制品的工艺过程

(1) 生产准备

生产准备一般包括 3 个方面:一是技术准备,主要包括熟悉图纸,制订工艺方案,编写生产计划;二是场地设施准备,主要包括整理场地,确保设备到位,配套相关设施;三是人员材料等方面的准备,即人、财、物的准备。

(2) 放　样

放样又称展开放样。钣金与铆接制品大多是由板材加工成形的,显然,未加工以前的毛坯因产品的不同而有不同的图样。展开放样即根据钣金与铆接制品的表面形状、空间尺寸,把成形加工前板坯的平面图形画出来,并做成相关的样板供后续工序使用。

(3) 下　料

下料又称落料、备料,它是指在板材和型材上直接划线或用样板套料划线,并按此线把坯料切割下来的工艺过程。在批量加工中使用样板会明显提高效益。

(4) 成　形

成形就是采用锤打、弯折、辊压、冲压、模压等各种塑性加工手段改变板坯的大小、形状和尺寸。成形的常用方式有手工成形、机械成形和特种成形。

(5) 装　配

装配是决定产品整体质量的重要工序,包括单件成形后接缝装配的零部件组装。在装配工序中,应按图纸给出的结构和精度要求,运用各种装配手段、工具和工装设备将零部件组合、定位、固定,保证互相配合的零部件有正确的结构、大小、形状和相对位置。

(6)连　接

连接工序负责将装配好的接缝用指定的连接方式完全连接成一个整体。

(7)表面处理

表面处理是钣金与铆接制品在制作过程的最后一道工序。但就工种而言,它已不属于钣金与铆接的工作范围了。

在上述基本工艺过程中,还有一种时常要用到的工艺——矫正,这是一种应用广、难度高、技艺性强的工艺。此外,模具、夹具等工艺装置(以下统称工装)的应用也在工艺过程中发挥着关键性的作用。矫正与工装在制造和维修中都是不可或缺的。

2. 矫正工艺

所谓矫正,就是采用有效的工艺手段,纠正加工前后原已存在和重新产生的过度变形和偏位。常见的矫正作业有调直、调扭以及平板和结构矫正。常用的方法有手工矫正、机械矫正和火焰矫正。

变形和偏位是多种多样的,其成因也是错综复杂的。矫正之前,首先要了解造成变形的工艺因素,分析变形、偏位部位的应力和应变状况,确定变形、偏位的趋向和程度,从而拟定矫正的方法、部位和力度;然后展开矫正作业,并不断地在实施中检测、调整,直至完成矫正工作。这一过程需要足够的知识底蕴、运用技能和多项操作技能。例如,锤子谁都会用,可是一锤下去,打在哪里? 打多重? 如何落锤? 怎样才能一锤定音? 这就是水平问题了。从最变通、最基本的调小型角铁和圆钢结构,到调大型钢结构、小型钢结构,再到调大型桁架、板梁和大型组合钢结构,从矫正平小板到矫正平薄板,矫正作业涉及从初级工到技师的整个技能行业。

矫正作业是一门很精湛的综合技能,因为它不但能反映操作者的专业水准和运用能力,而且能反映操作者的工艺知识和技术阅历,所以业内常把矫正作业作为钣金工与铆接工技能水平的考查标志。

3. 工艺装置

业内常说,在钣金与铆接制品的加工中,模具、夹具等工装的应用状况是钣金与铆接制作水平的标志。随着生产规模的扩大及产品质量要求的提高,工装的设计、制造和应用越来越多,越来越普遍,水平也越来越高。高级钣金与铆接制作水平的标志是,能够根据切割、成形、组装、连接等各方面的生产需要,设计出适用的模具、夹具等工装,组织加工、安装并应用于生产之中。因此,工装的设计应用技术是钣金与铆接制品的制造中技术含量较高的关键技术。

4. 技术进步

目前,钣金与铆接制品的制作中有两大技术进步。技术进步之一是大量使用工装。钣金与铆接制品的生产逐渐发展为采用专用生产线。生产线使制作效率大大提高,然而生产线上的操作却变得单一、重复,对技能的要求降低。技术进步之二是计算机进入钣金与铆接生产领域。数控技术的引入以及 CAD、CAM 的快速发展,使得一台激光切割机加一台数控冲床几乎可以完成所有薄板机箱、机壳的生产,尽管其目前尚局限于薄板领域,但显然这种技术是以后的发展方向。

五、钣金冷作工与铆工的工种特点

过去曾把从事钣金与铆接制品生产制作的工人叫做钣金工或铆工,而把从事金属结构制作的工人叫做冷作工。现在的发展已经不可能把钣金与铆接制品同金属结构截然分开,工作对象的统一使得钣金工、冷作工变成了一个工种——钣金冷作工。而铆工既有冷加工又有热加工,在机器制造业中,铆工仍属于热加工工种。随着工业生产和科学技术的不断发展,铆工已由笨重的手工操作逐渐向机械化和自动化发展,新技术、新工艺、新设备已在铆接作业中逐步被采用。因此,从工种定义而言,钣金工从事钣金生产,铆工从事铆接工作,但从事钣金与铆接工作的人并不一定都是钣金工或铆工。例如,钣金、铆接生产线上的操作者专门操作某些钣金与铆接的专用数控设备,这些数控设备的操作者并不属于钣金工或铆工的范畴。

钣金冷作工、铆工的工种特点如下。

1. 基本素质要求高

钣金冷作工、铆工需要独立完成或主持完成整个钣金与铆接制品、金属结构的加工任务,他们既做零部件,也进行整体组装,不像加工中心的工人,干得再好,做的也只是零件;要会使用的钣金与铆接加工设备很多,不像车工、铣工只会用一类(甚至一种)机床就行;要会展开放样,要懂得几何知识、立体概念,要会技工计算、作图放线;还要有一定的协调管理能力,对于钣金与铆接制作,往往不是由钣金冷作工或铆工单枪匹马地干,而是以其为主,全组人同心协力地工作,因此,钣金冷作工、铆工没有一点管理协调能力是不行的。总之,钣金冷作工、铆工的知识面要广,应会的技能要多,数理基础要好,协调能力要强。

2. 技艺功夫要求高

工种技术主要由技术知识、工作经验和专业技能组成。对于不同的工种,三者的构成比率也不同。对于钣金冷作工或铆工来说,专业技能,特别是手工功夫要高。例如,锤子是工人的象征。钣金冷作工或铆工用的锤子是最多的,有大锤、小锤、铁锤、木锤、开锤、平锤,异形锤,专用锤等。钣金冷作工或铆工打锤的功夫也是最讲究的:一要稳准狠,落锤要平稳,落点要准确,锤击力量大;二要随机应变,轻重适宜,眼观落点,锤随心来;三要姿势优雅,挥洒自如,上下左右,面面俱到。要做到这些,非得长期锻炼不可,决非朝夕工夫、一蹴而就。

3. 工作经验很重要

人们都知道当今学历很重要,殊不知工历(工作经历)也很重要。工作经历重要的原因在于它折射了一个人的工作经验和专业技能。而对钣金与铆接工作来说,它显得特别重要,这主要有两个原因:一是这项工作涵盖面广,各行各业都需要,工作对象相差太大,专业要求完全不同,制作工艺也迥然不同,如果没有工作经验,解决不了新任务中的老问题,那么就上不了手,尽管是同一个工种,也还是出了这个门,进不了那个门;二是钣金与铆接制品中有很多非标设备、专用设备和大型设备,几乎每一单任务都是你的老师从未做过的,加之投入大,只能一次成功,如果你没有经验,何以知道你的工艺方案是否可行?成功率是多少?

4. 劳动强度大,工作环境差

钣金冷作工或铆工的劳动强度大,人称男性工种;工作环境差,特别是噪声大,耳聋是职业病。正是由于这两点,有人才说,钣金冷作工或铆工是所谓"好汉子不愿干,赖汉子干不了"的工种。此言不差,但要补充一句:钣金冷作工或铆工是最能使人有成就感的工种。当你有感于此的时候,你就不会为枉入此门而懊恼了。

习　题

1. 试举例说明 5 种以上不同类型的钣金与铆接制品。
2. 简述 15Mn 和 16Mn 两种材料的不同之处。
3. 常用的矫正方法有哪些?
4. 镀锌薄板的常用连接方式是什么?
5. 为什么有人说钣金冷作工或铆工是"好汉子不愿干,赖汉子干不了"的工种?

实训项目一　展开放样训练

【学习目标】

展开放样是从事钣金行业的钣金工、铆工、管工等各技术工种的基本功。本项目从钣金件展开放样的思路入手,要求学生在完成若干练习后,应该能够:

(1) 建立钣金件展开放样的思路;

(2) 掌握钣金件展开放样的一般过程、基本要求与方法,并掌握展开精度的控制;

(3) 了解计算机辅助展开放样的方法;

(4) 以分组合作的方式分析待加工图样,确定在现有条件下和工期要求下加工的可行性;

(5) 独立通过查阅《钣金与铆接加工工艺手册》,确定展开件毛坯的种类、形状和尺寸规格,绘制毛坯图样;

(6) 以分组合作的方式制订工件加工工艺,填写工艺文件。

【学习内容】

(1) 展开放样的原理;

(2) 展开放样的基本要求与方法;

(3) 几何法展开放样的基本方法应用与典型实例;

(4) 计算机辅助展开放样练习。

【学习评价表】

班　级		姓　名		学　号			
评价方式:学生自评							
评价项目	评价标准			评价结果			
				8	6	4	2
明确目标任务,制订计划	8分:明确学习目标和任务,立即讨论制订切实可行的学习计划 6分:明确学习目标和任务,30 min后开始制订可行的学习计划 4分:明确学习目标和任务,制订的学习计划不太可行 2分:不能明确学习目标和任务,基本不能制订学习计划						
小组学习表现	8分:在小组中担任明确的角色,积极提出建设性意见,倾听小组其他成员的意见,主动与小组成员合作完成学习任务 6分:在小组中担任明确的角色,提出自己的建议,倾听小组其他成员的意见,与小组成员合作完成学习任务 4分:在小组中担任的角色不明确,很少提出建议,倾听小组其他成员的意见,被动地与小组成员合作完成学习任务 2分:在小组中没有担任明确的角色,不提出任何建议,很少倾听小组其他成员的意见,与小组成员不能很好地合作完成学习任务			8	6	4	2

		8	6	4	2
独立学习 与工作	8分:学习与工作过程同学习目标高度统一,以达到专业技术标准的方式独立完成所规定的学习与工作任务 6分:学习与工作过程同学习目标统一,以达到专业技术标准的方式在合作中完成所规定的学习与工作任务 4分:学习与工作过程同学习目标基本一致,以基本达到专业技术标准的方式在他人的帮助下完成所规定的学习与工作任务 2分:参与了学习与工作过程,不能以达到专业技术标准的方式完成所规定的学习与工作任务				
获取与 处理信息	8分:能够开拓新的信息渠道,从日常生活和工作中随时捕捉对完成学习与工作任务有用的信息,并科学地处理信息 6分:能够独立地从多种信息渠道收集对完成学习与工作任务有用的信息,并将信息分类整理后供他人分享 4分:能够利用学院的信息源得对完成学习与工作任务有用的信息 2分:能够从教材和教师处获得对完成学习与工作任务有用的信息	8	6	4	2
学习与 工作方法	8分:能够利用自己与他人的经验解决学习与工作中出现的问题,独立制订完成工件加工任务的方案并实施 6分:能够在他人适当的帮助下解决学习与工作中出现的问题,制订完成工件加工任务的方案并实施 4分:能够解决学习与工作中出现的问题,在合作的方式下制订完成工件加工任务的方案并实施 2分:基本不能解决学习与工作中出现的问题	8	6	4	2
表达与交流	8分:能够代表小组以符合专业技术标准的方式汇报、阐述小组的学习与工作计划和方案,表达流畅,富有感染力 6分:能够代表小组以符合专业技术标准的方式汇报小组的学习与工作计划和方案,表达清晰,逻辑清楚 4分:能够代表小组汇报小组的学习与工作计划和方案,表达不够简练,普通话不够标准 2分:不能代表小组汇报小组的学习与工作计划和方案,表达语言不清,层次不明	8	6	4	2

评价方式:教师评价

评价项目	评价标准	评价结果			
		12	9	6	3
工艺制订	12分:能够根据待加工工件的图纸,独立、正确地制订工件的加工工艺,并正确填写相应表格 9分:能够根据待加工工件的图纸,以合作的方式正确制订工件的加工工艺,并正确填写表格 6分:根据待加工工件的图纸制订的工艺不太合理 3分:不能制订待加工工件的工艺				

		8	6	4	2
加工过程	8分:无加工碰撞与干涉,能够对加工过程中出现的异常情况立即作出相应的正确处理,并独立排除异常情况 6分:无加工碰撞与干涉,能够对加工过程中出现的异常情况作出相应的正确处理 4分:无加工碰撞与干涉,但不能处理加工中的异常情况 2分:加工出现碰撞或者干涉				
加工结果	8分:能够独立使用正确的测量工具和正确的方法来检测工件的加工质量,且测量结果完全正确,达到图纸要求 6分:能够以合作方式使用正确的测量工具和正确的方法来检测工件的加工质量,且测量结果完全正确,达到图纸要求 4分:能够以合作方式使用正确的测量工具和正确的方法来检测工件的加工质量,但检测结果有1项或2项超差 2分:能够以合作方式使用正确的测量工具和正确的方法来检测工件的加工质量,但检测结果有2项以上超差	8	6	4	2
安全意识	8分:遵守安全生产规程,按规定的劳保用品穿戴整齐、完整 3分:存在违规操作或存在安全生产隐患	8	3		
学习与工作报告	8分:按时、按要求完成学习与工作报告,能够发现自己的缺陷并提出解决的措施,书写工整 6分:按时、按要求完成学习与工作报告,书写工整 4分:推迟完成学习与工作报告,书写工整 2分:推迟完成学习与工作报告,书写不工整	8	6	4	2
日常作业测验口试	8分:无迟到、早退、旷课现象,按时、正确完成作业,回答问题流畅正确 6分:无迟到、早退、旷课现象,按时、基本正确完成作业,回答问题基本正确 4分:无旷课现象,能够完成作业 2分:缺作业且出勤较差	8	6	4	2
综合评价结果					

一、实作部分

【练习1】制作 90°偏心大小头的下料样板

已知条件如图 2-1(a)所示。

已知:底圆中径 $\phi_x = (100 + k)$ mm(k 为学号的后两位数),顶圆中径 $\phi_s = 0.5\phi_x$,大小头高 $h = 120$ mm,斜锥顶点在底面上的投影位于底圆上。求制作该偏心大小头的下料样板。

展开图画法见图 2-1(b)和图 2-1(c)。

其具体展开步骤如下:

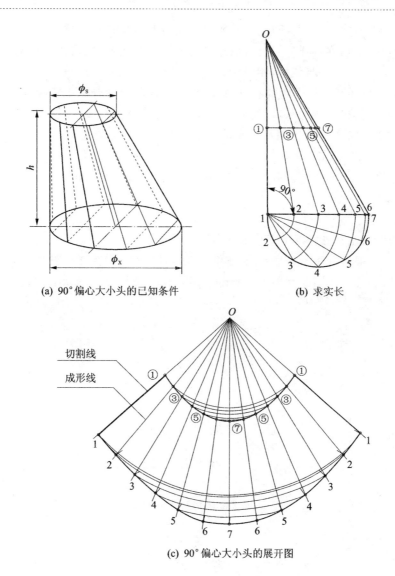

(a) 90°偏心大小头的已知条件　　　(b) 求实长

(c) 90°偏心大小头的展开图

图 2 - 1　制作 90°偏心大小头的下料样板

（1）求各等分点的素线实长（见图 2 - 1(b)）

① 根据已知条件画斜锥立面图，并在其底边拼画半个俯视图，再 12 等分底圆。

② 利用立面图直角∠$O17$ 求过各等分点的素线实长。如图 2 - 1(b)所示，提取下口各点实长 $O1$、$O2$、…、$O7$ 及上口各点实长 $O①$、$O②$、…、$O⑦$。

（2）以线 $O⑦$ 为中线画展开图（见图 2 - 1(c)）

① 以点 O 为中心，$O6$、$O5$、$O4$、$O3$、$O2$、$O1$ 各实长为半径，线 $O7$ 为对称中线分别画弧，弧长适度。然后以点 7 为中心，弧 67 的弧长（底圆周长的 1/12）为半径画弧，交弧 $O6$ 于两个点 6。再以两个点 6 为圆心，仍以弧 67 的弧长为半径画弧，交弧 $O5$ 于两个点 5。同法逐个求得其余各点。

② 沿相邻各点测量线段 11 的长度，若其与底圆周长的允差为±3 mm，即可圆滑连接各点，得到下口展开线。

③ 在展开图上连接点 O 与前述各点,所得各线为大小头的成形线。

④ 以点 O 为起点,在各成形线上截取相应的上口素线实长,圆滑连接所得点即得上口展开线。注意,上下口展开是相似形,相似比为 ϕ_S/ϕ_X。

⑤ 连接上下口展开曲线对应的端点,完成展开图。注意展开图上应保留成形线,因为在钢板上这些线也要准确地划出来,以作为弯曲成形时的参照线。

【练习 2】制作 60°等径两节弯头的全节外包样板

已知条件如图 2-2(a)所示。

已知:弯头角度 $\alpha=60°$,管外径 $\phi_w=60\ \text{mm}$,样板板厚 $\delta=0.5\ \text{mm}$,弯头节数 $n=2$,弯曲半径 $R=120\ \text{mm}$。

展开要求:

① 用平行线法制作外径 $\phi60$ 管弯头的外包全节样板。

② 方法正确:展开方法不是唯一的,本练习要求按照教师指定的方法做。

③ 作图精确:几何作图误差小于 0.5 mm,展开长度允差为 ±1 mm。

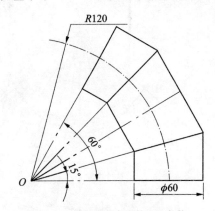

(a) 60°等径两节弯头的已知条件

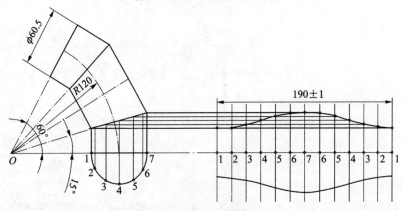

(b) 60°等径两节弯头的展开图

图 2-2　制作 60°等径两节弯头的全节外包样板

注意,机械制造行业中一般尺寸默认的单位是 mm(毫米),但粗糙度的默认单位是 μm(微米)。此外,在我们将要接触到的工程施工图上,一般尺寸默认的单位也是 mm(毫米),只不过标高有些特别,其默认单位却是 m(米)。图 2-2 中的尺寸没有标明单位,按默认值,其单位就是 mm。以后均应如此,恕不重述。

展开图画法见图 2-2(b)。其具体展开步骤如下:

(1) 展开准备

① 求半节角度:按节数计算半节(端节)截面倾斜角度($\alpha_b = \alpha/2n$)。

② 展开三处理(即板厚处理、接口处理和余量处理):按管径、材料板厚、连接方式和制作工艺决定展开中径、接口位置和余量。

(2) 求实长

① 作立面图:根据展开中径、半节角度和弯曲半径作立面图。

② 求实长:按展开中径在半节(端管)的管口配画半圆并 6 等分之,再由各等分点引管中心轴线的平行线,求各等分点素线的实长。

(3) 画展开图

① 画展开素线组:在线 O7 的延长线上量取线段 11,使其长度等于管子的长度,并将其分为 12 等份。以各等分点为中心作平行线组,线长略大于半节管最长处的 2 倍,且按序逐一标号。

② 求展开曲线上的点:从各实长点向展开图引线段 11 的平行线,标注其与相应素线的交点(实际操作中多采用圆规、直尺量取实长,然后在对应素线上取点)。

③ 画展开图:圆滑连接上述各交点即得展开曲线。然后连接展开曲线对应端点,完成展开图。

【练习 3】制作插管的外包样板和主管的开孔样板

60°等径斜三通的已知条件如图 2-3(a)所示。

已知:轴线斜度 $\alpha = 60°$,管外径 $\phi = 60$ mm,样板板厚 $\delta = 0.5$ mm,插管短边 $L = 50$ mm。求制作插管的外包样板与主管的开孔样板。

展开图画法见图 2-3(b)。其具体展开步骤如下:

(1) 求实长

① 画插管立面图。

② 配画插管半个截面圆并将圆 12 等分。

③ 求等分点素线实长。

(2) 画展开图

① 按展开长度和等分点数作平行线组。

② 按相应实长在平行线上取点。

③ 圆滑连接各点并完成展开图。

④ 利用插管展开曲线作主管开孔展开图。

(3) 合理布点

为了细致反映曲线急剧变化段 12、21 的形状,可以在这两段间插入 6 个 48 等分点,并将求得的相应实长用于展开。这样,在 12 等分的基础上只要 6 个点就接近 48 等分的精度。

【练习 4】制作斜口天方地圆的下料样板

斜口天方地圆的已知条件如图 2-4(a)所示。

已知:天方中距 $m \times n = 130$ mm $\times 130$ mm,地圆中径 $\phi = 160$ mm,天方中心高 $h =$

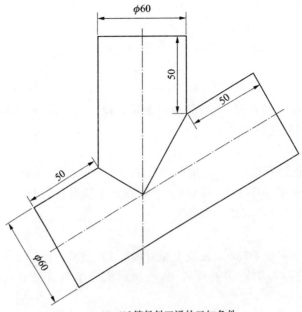

(a) 60°等径斜三通的已知条件

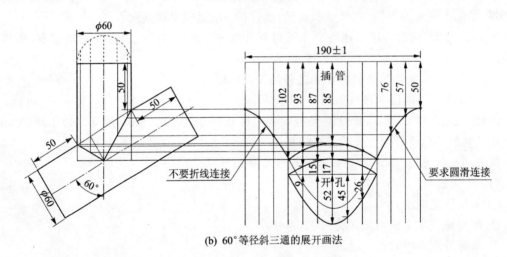

(b) 60°等径斜三通的展开画法

图 2-3 制作插管的外包样板和主管的开孔样板

140 mm，倾角 $\alpha = 30°$，板厚 $\delta = 1$ mm；天方中心在地圆所在平面的投影与地圆中心重合。求制作该天方地圆的下料样板。

展开要求：

① 方法正确。

② 作图精确，下口展开长度偏差小于 3 mm，位置偏差小于 0.5 mm。

③ 图面整洁，布置合理。

展开图画法见图 2-4(b)、(c)。其具体展开步骤如下：

(1) 画立面图和半个俯视图(见图 2-4(b))

① 作水平线段 17(长 160 mm)及其垂线段 KS(长 140 mm)。再过 S 作与水平线夹角 30°的线，并在该线上以 S 为中心取 A、B，使 SA=SB=65 mm。然后连接 1A 与 7B 及 AK 与

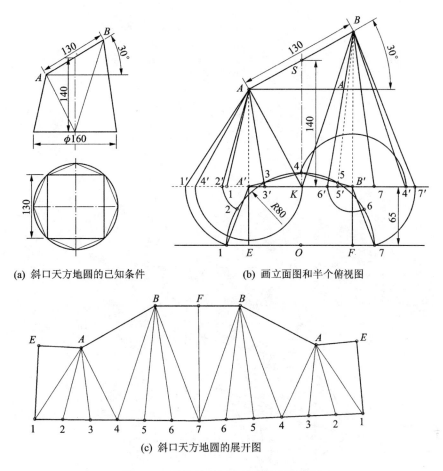

(a) 斜口天方地圆的已知条件　　　(b) 画立面图和半个俯视图

(c) 斜口天方地圆的展开图

图 2-4　制作斜口天方地圆的下料样板

BK,完成立面图。

② 过 A、B 向线 17 引垂线,得垂足 A'、B'。然后在其延长线上取 E、F,使 $EA'=FB'=$ 65 mm。再以 EF 的中点 O 为圆心,80 mm 为半径作半圆,并 6 等分此半圆,立面图中 1、7 之间对应的等分点为 1、2、3、4、5、6、7。将 A' 与 1、2、3、4 相连,将 B' 与 4、5、6、7 相连,再连接 $A'B'$,完成半个俯视图。

(2) 求斜锥素线实长(见图 2-4(b))

为利用 AA'、BB' 与线 17 垂直来求实长,应将俯视图如图 2-4(b) 所示拼凑。(其他作法略。)

(3) 作展开图(见图 2-4(c))

具体作法略。

【练习 5】制作天圆地方的下料样板

天圆地方的已知条件如图 2-5(a) 所示。

已知:圆口中径 $\phi=120$ mm,方口对边中距 $m\times n=150$ mm$\times150$ mm,中心高 $h=$ 120 mm,倾斜角 $\alpha=15°$,板厚 $\delta=1$ mm;该方圆头有一个对称面,且对方口平面投影时,天圆圆心投影与方口中心重合。求制作该天圆地方的下料样板。

展开图画法见图 2-5(b)(具体作法略)。

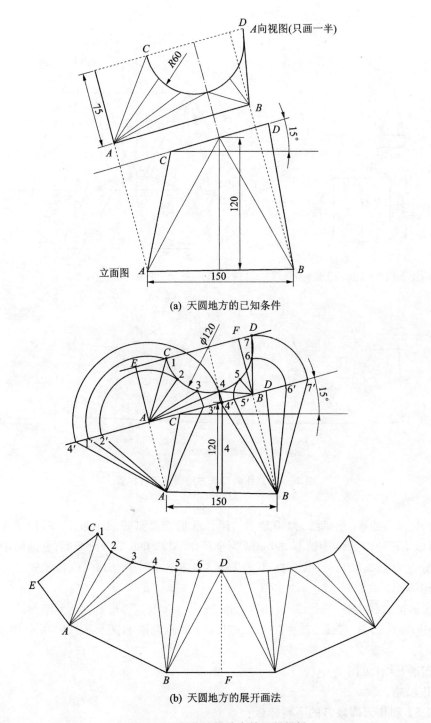

(a) 天圆地方的已知条件

(b) 天圆地方的展开画法

图 2-5 制作天圆地方的下料样板

注意：

① 本练习若向下口平面投影，则上下口中心同心；若向上口平面投影，则不存在这种关系。对于斜锥展开，投影面必须转换至圆口所在平面才好求实长，这一点很重要。

② 图 2-5 中 E、F 是与 AB 垂直的两边的中点，C、D 是顶圆一直径的端点，C、D、E、F 都

在对称中面上。

【练习6】制作斜底天圆地方的下料样板

斜底天圆地方的已知条件如图 2-6(a)所示。

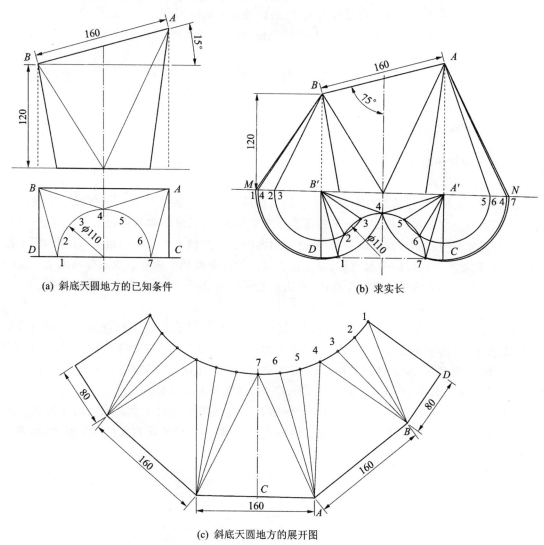

(a) 斜底天圆地方的已知条件　　　　　　　(b) 求实长

(c) 斜底天圆地方的展开图

图 2-6　制作斜底天圆地方的下料样板

已知:天圆 $\phi=110$ mm,地方 $L=160$ mm×160 mm,小锥高 $h=120$ mm,倾斜角 $\alpha=15°$,板厚 $\delta=1$ mm;该方圆头有一个对称面,且对圆口平面投影时,方口中心投影与圆心重合。求制作该斜底天圆地方的下料样板。

注意:此练习画立面图时应与练习4有区别。练习4顶圆中心在方口平面的投影与方口中心重合,本练习方口中心在圆口平面的投影与圆心重合。

展开图画法可参考图 2-6(b)、(c)。其具体展开步骤如下:

(1) 求实长(见图 2-6(b))

① 以圆口所在平面为水平基面,并按已知条件作立面图,其中 *MN* 为基面位置。

② 以 A、B 在 MN 上的投影 A'、B' 为端点拼画半个俯视图,其中 C、D 为方边中点。

③ 按斜锥素线实长的求法分别求 A、B 两个 1/4 锥对应的素线实长。

(2)画展开图(见图 2-6(c))

以线 $D1$ 为剖切线,线 $C7$ 为对称中线,按斜锥展开方法画展开图。注意作图的精确性,特别是当圆口展开线上各点求出后,要沿点检测总长,允差为 ±3 mm。

二、知识链接

(一)展开放样的原理

1. 展开放样的基本思路

(1)展开放样的概念

所谓展开放样,实际是把一个封闭的空间曲面沿一条特定的线切开后铺平成一个同样封闭的平面图形。它的逆过程就是把平面图形作成空间曲面,通常叫做成形过程。实际生产中,往往是先设计空间曲面后制作该曲面,而这个曲面的制造材料大都是平面板料。因此,用平板制作曲面,先要求得相应的平面图形,即根据曲面的设计参数把平面坯料的图样画出来。这一工艺过程就叫做展开放样。实际工作中,有人把它简称为展开,也有人把它简称为放样。

(2)展开放样的基本思路——换面逼近

如图 2-7 所示,按预先设定的经纬网络把球面网格化,并在球面上任取其一个四角面元 $abcd$(A、B、C、D 为其 4 个顶点,a、b、c、d 为其 4 条边界弧线)。连接它的 4 个顶点 A、B、C、D,得到一个与四角面元 $abcd$ 对应的四边形 $ABCD$。为了简化研究,以四边形 $ABCD$ 代替对应的四角面元 $abcd$,其中,直线段 AB、AC、CD、DB 与弧线 a、b、c、d 分别对应。对所有的网格都进行同样的替代处理,就可以得到一个与球面贴近的由众多小四角平面元构成的多棱面。多棱面与原球面当然会存在差别,但是,只要网格数目足够多,它们的误差就可以足够小,小到允许的公差范围内。

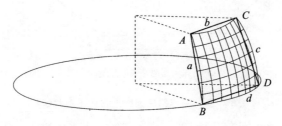

图 2-7 换面逼近示意图

同理,对球面的替代处理可以推广到任意曲面。

把曲面换成与之相近、由小平面组成的多棱面,再用多棱面的展开图来近似替代该曲面的理论展开图,这就是换面逼近的基本思路。多棱面的展开是容易的,只要在同一平面上把这些小平面按相邻位置和共用边逐个画出来就得到多棱面的展开图。需要指出的是,如何实现网格化是其中的关键,一般而言,分割为三角形网格总是可行的。这一部分将在介绍展开方法时详细说明。

以上讲的是四角平面元替换,其实也可以采用其他形状的平面元来换面逼近。如三角形、六边形等。更进一步,为了简化手续,还可以用简单曲面,如圆柱面、正锥面来作类似的替换。

2. 换面逼近的几个例子

（1）共顶点三角形替换

共顶点三角形替换如图 2-8 所示。

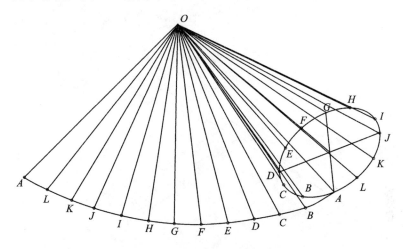

图 2-8　共顶点三角形替换

换面逼近的大致步骤如下:

1）分　割

将圆锥底圆分为 12 等份,等分点为 A、B、C、D、E、F、G、H、I、J、K、L;然后以过锥顶 O 与各等分点的素线为界线,将此圆锥面分为 12 个共一顶点的三角锥面元。

2）换　面

用平面三角形△OAB、△OBC、△OCD、…、△OKL、△OLA 替代对应的三角锥面元。总体而言,这种替换也可以理解为用一个 12 棱锥的外表面来代替圆锥面。

3）展　开

在同一平面上把这些三角形按照共用边和共用顶点逐个画出来,这样就得到由 12 个共用同一顶点并呈放射状分布的三角形组成的平面图形;然后用这个平面图形模拟、逼近圆锥的理想展开曲面。

当然,这只是一个近似展开图形,但是它们之间的误差是可以控制的。例如,只要增加底圆的等分点数 N,其替代误差将随着 N 的增加而减小,以至于小到允许的公差范围以内。

以上即所谓共顶点三角形换面逼近。就工艺而言,这是一个可行的方法。从精度来看,关键是 N 的确定。在实际中,N 是根据误差大小、布点方式、加工工艺和材料性质等因素通过实践来选择确定的。

在各种锥面的展开中,大都采用这种换面逼近的思路,久而久之,便形成一个成熟的展开方法。由于它的展开图线以顶点呈放射状布置,因此通常把它叫做放射线展开法。

（2）梯形替换

下面是一个用梯形面元替换对应曲面元的例子,如图 2-9 所示。

图 2-9 是斜口圆柱面展开时进行换面逼近的示意图。像圆锥面展开的思路一样,取得圆柱微面元的方式仍然是素线分割,但此时的素线已不再相交而是相互平行。由此得到的微面

元是四角曲面,对应的平面图形是梯形。如图 2-9 所示,用梯形 $AA'B'B$ 替换四角微面元 $AA'B'B$,逐个替换以后,整个斜口圆柱面的展开将用其内接 12 边形为底面的 12 棱柱面的展开来逼近。

以上即所谓梯形换面逼近。根据这个思路,在展开放样中已形成成熟的平行线展开法。

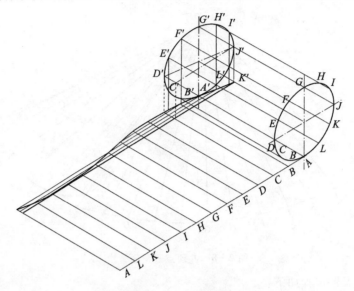

图 2-9 梯形替换

(3) 三角形替换

如图 2-10 所示,斜口大小头的上口和下口均为圆,但直径不同;上口圆的中心在下口圆面的投影与下口圆的中心同心;上、下口所在平面之间有 15°夹角。需要展开的是以上、下口圆为边界的周边蒙面。

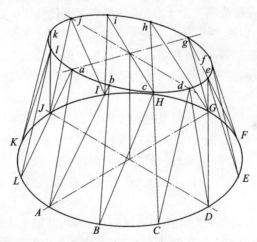

图 2-10 三角形替换

本例换面逼近的大致步骤如下:

① 将上、下口圆分别以对称中面为基准各自等分为 12 等份,然后一上一下依次连接各等分点,由此得到 24 条直线,即图 2-10 中 aA、Ab、bB、Bc、cC、Cd、dD、…、La、aA。

② 分别用每条直线和下口圆心确定的平面分割蒙面,得到 24 个三角曲面元;同时也得到与之对应的 24 个平面三角形,即图 2-10 中 $\triangle aAb$、$\triangle AbB$、$\triangle bBc$、$\triangle BcC$、…、$\triangle ILa$、$\triangle LaA$,其中 12 个三角形都有一条边的长度为上口圆周长的 1/12,而另外 12 个三角形都有一条边的长度为上口圆周长的 1/12。

③ 为了简化蒙面的展开,再将这 24 个三角形逐个替换对应的三角曲面元。换句话说,用一个多棱面来近似大、小头蒙面的展开。这样替换的结果无疑存在误差,但其误差是可以控制的。例如,增大等分点的数目就是减小误差的途径,不管给出的公差为多小,总可以设法使误差不超过给出的公差范围。

④ 选定一个切开线,如图 2-10 中 Aa 所示,并以之作为起始线在同一平面内逐个画出 $\triangle aAb$、$\triangle bAB$、$\triangle Bbc$、$\triangle cBC$、…、$\triangle ILa$、$\triangle ALa$。这 24 个三角形共同组成正确的近似展开图形。

以上即所谓三角形换面逼近。根据这个思路,在展开放样中已经形成成熟的三角形展开法。

(4) 曲面替换

所谓曲面替换,就是在换面逼近时,直接用已知的、易展开曲面(如圆柱面、正圆锥面)的曲面元来替代复杂曲面的对应曲面元,以取得更好的逼近效果,从而使复杂曲面的展开工作更简便、更快捷。

如图 2-11 所示,以 24 条经线与 24 条纬线划分球面,得到的曲面元是由相邻的两条经线和相邻的两条纬线所围成的球面元。对这些曲面元分别进行平面元(梯形元＋三角形元)替换、椭圆柱面元替换和锥面元替换。

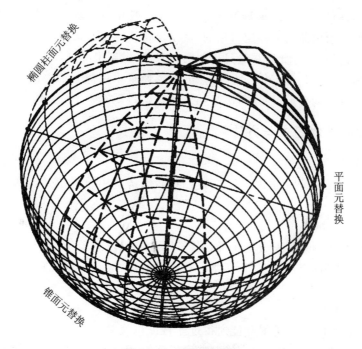

图 2-11 曲面元替换

图 2-11 中细虚线部分采用椭圆柱面元替换,即以一条经线处为原来弧线、纬线处由同一纬线两端点所连直线、长半径为球半径的椭圆柱面元来替代球面元。图 2-11 中粗线部分采

用平面元替换，即用球面元 4 个顶点连线组成的梯形替代球面元，它的四边都是直线。图 2-11 中粗虚线部分采用锥面元替换，即以上、下纬线为上、下圆的圆锥台面去替代球面元，这个锥面元的四边和上、下仍为弧线，对应的经线则变成直线。略作比较，不难发现，锥面元替换、椭圆柱面元替换比梯形替换的逼近程度高。对于前述的共顶点三角形替换和梯形替换，在实际展开中不采用底圆等分点间的弦长而是采用弧长，这就是贯彻曲面替换思想的结果。

上述各种换面逼近在整个换面逼近过程中除替换面元不同以外，其他情况类似。

需要强调的是，在实际展开中，对同一曲面的替换面元不必采用同一类型，可以根据曲面的结构特点和简捷方便的展开原则灵活地混用各种替换面元。

3. 展开放样的一般过程

设计图是展开放样的依据，其表示方式是视图。众所周知，视图上小面元的形状及其组成线段是实物的形状及其实际组成线段在该视图上的投影，它们的长度不一定反映实际长度。而画展开图必须是 1:1 的实际长度，因此，怎样通过各视图上线段的投影去求得线段的实长是展开放样至关重要的第一步。有了第一步的实长，才有可能进行展开的第二步——画展开图，以下分述之。

(1) 求实长

求实长常用的方法有两种：一是选择与实际线段平行、投影反映实长的投影面（先看基本视图，后选向视图），在该面视图上对应量取实长；二是通过相互关联的几个视图上对应投影之间的函数关系来设法求得实长。无论采用哪一种方法，均可以通过几何作图或计算求得实长。

(2) 画展开图

展开的重点是画展开曲线，即展开图样的边线。展开曲线是一般平面曲线，要画这种曲线，通常先在图纸上求出曲线上一定数量的、足以反映其整体形状的点；之后再圆滑连接各点，得出所求曲线的"近似版"。此版尽管是近似的，却可以做到很准确，因为曲线的准确性同点的数量有关，点越多越准确。为了作图方便，点的布置通常采用等分的办法，但在曲线变化急剧的区域，适当插入更多的分点，以求得事半功倍的效果。

(二) 展开放样的基本要求与方法

1. 展开三原则

展开三原则即，准确、精确原则，工艺可行原则，经济实用原则，它们是展开时必须遵循的基本原则。

(1) 准确、精确原则

准确、精确原则指的是展开方法正确，展开计算准确，求实长精确，展开图绘制精确，样板制作精确。考虑到以后的排料、套料、切割下料还可能存在误差，因此对放样工序的精确度要求更高，一般误差不大于 0.25 mm。

(2) 工艺可行原则

放样工必须熟悉工艺，工艺必须能通得过才行。也就是说，大样画得出来还要做得出来，而且要容易做，做起来方便，不能给后续制造增添麻烦；中心线、弯曲线、组装线、预留线等以后所需的线都要在样板上标明。

(3) 经济实用原则

对一个具体的生产单位而言，理论上正确的方案并不一定是可操作的，先进的方案并不一定是可行的,最终的方案一定要根据现有技术要求、工艺因素、设备条件、外协能力、生产成本、工时工期、人员素质、经费限制等情况综合考虑,具体问题具体分析,努力找到经济可行、简便快捷、切合实际的经济实用方案,绝不能超越现实,脱离现有工艺系统的制造能力。

2. 展开三处理

展开三处理即板厚处理、接口处理和余量处理,它们是实际放样前的技术处理,通常根据实际情况,通过作图、分析、计算来确定展开时的关键参数,用以保证制造精度。

(1)板厚处理

前文所述的空间曲面是纯数学概念上的,没有厚度,但实际中这种面只存在于有三度尺寸的板面上。是板料就会有厚度,只不过是有厚有薄而已。板料成形加工时,板材的厚度对放样有一定的影响,板材的厚度越大,这种影响越大,而且加工工艺不同,这种影响也不同。

1)板厚对展开长度的影响

如图2-12所示,当把尺寸为$L×b×\delta$的一根钢条弯曲成曲率半径(亦称弯曲半径)为R的圆弧条时,就会发现上面(弧内侧)的长度变短了,下面(弧外侧)的长度变长了。根据连续原理,其中间一定存在一个既不伸长也不缩短的层面——中性层。那么,这个中性层的位置在哪里呢?实践证明,中性层的位置与加工的工艺和弯曲的程度有关。若采用一般的弯曲工艺,那么当$R>4\delta$时,中性层的位置在板料的中间。这一客观事实给我们的启示是:如果设计了这样一个圆弧条进行加工,那么加工前的展开料长应该按中径上的对应弧段计算。显然,该圆弧条的展开长度是L。依此类推,倘要用厚度为δ的钢板卷制一个圆筒,其展开长度应按中径计算,即$L=\pi\phi$。这是一个很重要的结论,因为按中径展开——更准确地说按中性层展开,是板厚处理的基本原则。

说明:一般设计的弯曲半径都大于4倍板厚,展开长度只要按中径计算就能达到足够的精度。如图2-12所示,中径100 mm的圆管展开长度为100π mm,即314 mm。

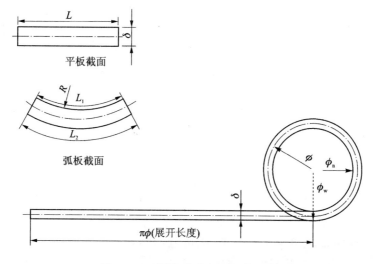

图2-12　板厚对展开长度的影响

设计图上往往给出的是外径(ϕ_w)或内径(ϕ_n),展开时要换算出中径(ϕ)。它们之间的关系是:

$$\phi=\phi_w-\delta=\phi_n+\delta$$

中性层位置可用下列经验公式计算:

$$R_0 = R + X_0\delta$$

式中,X_0为中性层系数,其经验值见表2-1;δ为板厚;$X_0\delta$为中性层至弯曲板内层的距离。

表2-1 中性层位置系数经验值

R/δ	0.1	0.25	0.5	1.0	1.5	2.0	3.0	4.0	>4
X_0	0.28	0.32	0.37	0.42	0.44	0.455	0.47	0.475	0.5

2)板厚对装配角度的影响

如图2-13(a)所示,已知直径ϕ、管口角度α、管壁厚度δ和弯曲半径R。

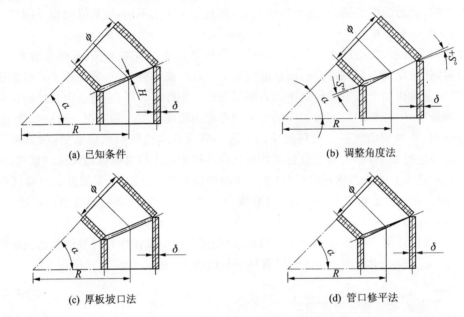

(a) 已知条件   (b) 调整角度法
(c) 厚板坡口法   (d) 管口修平法

图2-13 板厚对装配角度的影响

一般板料切割时切口垂直于板面。由于厚度的存在,成形后板的内外表面端线不在同一平面内,这会直接影响按端头装配时的接口间隙、角度和弯曲半径。图2-13中,内半圈管外皮相接,外半圈管里皮相接。此时中间形成空隙,其大小$H = 2\delta\sin(\alpha/2)$。同时,由于中径处存在偏离,不能直接在立面图中的原定位置相接,从而造成弯曲半径增大。

为了避免或减小板厚对弯头装配的影响,在弯头展开时,应先作接口的位置图和坡口设计,然后据此展开放样。图2-13(b)中的做法就是,按内半圈外皮相接,外半圈里皮相接,分别调整内、外半圈的半节角度来保证尺寸、形状、位置方面的精度要求。而图2-13(c)中的做法是,以中径斜面为准(斜角为$\alpha/2$),内外倒坡口来形成正确的接口形状(一般应用于厚板)。图2-13(d)的做法则是,以中径斜面为准(斜角为$\alpha/2$)将内半圈外皮处和外半圈里皮处用锤子锤平或用切割器修平来达到目的(一般应用于2~6 mm薄板)。

(2)接口处理

1)接缝位置

单体接缝位置的安排(或组合件接口的处理)看起来无足轻重,实际上是很有讲究的。放样时通常要考虑的因素有:

① 要便于加工组装；

② 要避免应力集中；

③ 要便于维修；

④ 要保证强度，提高刚度；

⑤ 要使应力分布对称，减小焊接变形。

一般设计图不给出接缝位置，放样实践中全靠放样工根据上述因素灵活处理。因此，放样工只懂一点几何作图，不懂工艺，不懂规范，不具备一定的机械基础知识，不经过必需的放样训练，是不可能真正做好这项工作的。

2）管口位置

管口位置和接头方式一般由设计决定。针对这些要求，展开时要具体情况具体分析并进行相应的处理。一般的原则有三点：一要遵循设计要求和有关规范，既要满足设计要求，也要考虑是否合理；二要考虑采用的工艺和工序，分辨哪些线是展开时画的，哪些线是成形后画的；三要结合现场，综合处理，分辨哪些线是展开时画的，哪些线是现场安装时画的。

3）连接方法

是对接还是搭接？是平接还是角接？是焊接还是铆接？是接于外表面还是插入内部？是采用普通接口还是采用加强接头？这些都是钣金冷作工或铆工必须了解清楚的，因为连接方式不同，展开时的处理就不同。一旦遇上对钣金工艺不是很专业的设计人员所设计的接头和连接方式，展开时的处理就显得更重要了。一个优秀的钣金冷作工或铆工不但要会按图施工，而且一旦遇上按图不便施工甚至不能施工的情况，也要能拿出切实可行的修改方案。

4）坡口方式

为了能焊透，厚板焊接需要开坡口。坡口的方式主要与板厚和焊缝位置有关。设计蓝图即便规定了坡口的形状样式，放样时还是应该画出1∶1的接口详图，以便验证所设计的接头方式是否合理，或者在设计没有指明时确定合理的接头方式。

（3）余量处理

余量处理俗称"加边"，就是在放出的展开图的某些边沿加宽一定的"富余"边量。这些必要的余量因预留的目的不同而有不同的称呼，如搭接余量、翻边余量、包边余量、咬口余量、加工余量等。

余量处理的问题在"量"上，到底留多少？留大了将增加加工工作量，留少了则会导致下一道工序没办法加工。留是常识，留得合适是水平。对于这个量，有时图纸上有标注，更多的时候需要放样者自己把握。如何把握？这在实际工作中并不一定是计算问题，有时更多的是实践问题，需要去"试"，试出的结果往往更靠得住。

例如，咬口是薄板常用的连接方式，如今咬口大多用辘骨机成形。咬口余量的选取与机器的性能、调整的状况、板料的长短、操作的方法等都有关系。因此，要取得余量数据，应该先粗算下料，上机成形，然后进行测量比较，修正定尺。

3. 展开三方法

展开三方法即几何法展开、计算法展开和计算机辅助展开。

（1）几何法展开

几何法展开准确一点应叫做几何作图法展开。展开过程中，求实长和画展开图都是用几何作图的方式来完成的。几何法展开又可细分为许多实用的方法，常用的有放射线法、平行线法和三角形法 3 种。

1）放射线法

这种方法在换面逼近时使用的面元是三角形，但这些三角形共一顶点，常用在锥面的展开中。放射线法的一般步骤如下：

① 针对某曲面的结构，依照一定的规则，将该曲面划分为 N 个共一顶点、彼此相连的三角形微面元。

② 对每个三角形微面元，都用其 3 个顶点组成的平面三角形逐个替代，即用 N 个三角形替代整个曲面，其替代误差随着 N 的增加而减小。

③ 在同一平面上按同样的结构和连接规则组合画出这些呈放射状分布的三角形组，从而得到模拟曲面的近似展开图形。

④ 根据误差大小、加工工艺和材料性质等因素通过实践选择 N 的大小。

2）平行线法

这种方法在换面逼近时使用的面元是梯形，常用在柱面的展开中。平行线法的一般步骤如下：

① 针对某曲面的结构，依照一定的规则，将该曲面划分为 N 个彼此相连的梯形微面元。

② 对每个梯形微面元，都用其 4 个顶点组成的平面梯形逐个替代，即用 N 个梯形替代整个曲面，其替代误差随着 N 的增加而减小。

③ 在同一平面上按同样的结构和连接规则组合画出这些梯形，得到模拟曲面的近似展开图形。

④ 根据误差大小、加工工艺和材料性质等因素通过实践选择 N 的大小。

3）三角形法

这种方法在换面逼近时使用的面元是三角形，可用于柱面、锥面等各种曲面的展开，其应用广，准确度高。放射线法、平行线法适用的展开均可采用三角形法，只是其作图手续多一些，工作量相对大一些。三角形法的一般步骤如下：

① 针对某曲面的结构，依照一定的规则，将该曲面划分为 N 个彼此相连的三角形微面元。

② 对每个三角形微面元，都用其 3 个顶点组成的平面三角形予以替代，即用 N 个三角形替代整个曲面，其替代误差随着 N 的增加而减小。

③ 在同一平面上按同样的结构和连接规则组合画出这些三角形，得到曲面的近似展开图形。

④ 根据误差大小、加工工艺和材料性质等因素通过实践选择 N 的大小。

关于这些方法，随后将通过实例进一步说明。

（2）计算法展开

计算法展开，顾名思义，要通过计算来实现。其实在展开过程中，只是求实长用计算的方法，画展开图还是用几何作图。怎么计算？如何弄清楚展开曲线两个坐标变量之间的函数关系？这些都是要解决的问题。一般钣金与铆接制品的曲面是由基本曲面组成的，而基本曲面在立体解析几何中都确切地给出了解析式。由这些解析式可以求出空间相贯线的联立方程组，进而求得选定面上的相贯线方程和实长方程，于是展开曲线上各预设点的坐标就能一一计算出来。这种通过解析方程来进行计算的方法叫做解析法展开，它归属于计算法。

展开实践中还有一种展开法叫表格法，亦称查表法，即按项目、参数事先计算好数据，列成表格，使用时查表取数求得实长，再画展开图。这种方法不过是计算法的演化，无需分列。

（3）计算机辅助展开

计算机在钣金设计制造中的应用之一即是计算机辅助展开和计算机辅助切割，在数控切割机上，二者甚至可以同时完成。计算机辅助展开的应用软件不少，多以薄板件设计为主，兼有展开功能。计算机辅助展开在方法上分参数建模和特征造型两大类，在应用中各有特色，尤其适用于电子电气设备的薄壳箱体的制作。

对于大型钢结构、厚板制件，计算机辅助展开仍然走的是传统展开的路子，通过计算展开图中的各项数据展开画图。在计算机上用几何法展开，快捷精确，数据一点就来，效果很好。显然，在今后的钣金制造中，CAD、CAE、CAM、CAPP 等技术将会普及，因为它们不但是完美的助手，而且是创新的平台。但它们仍在发展之中，也有不尽如人意之处。如数控激光切割，切割头的角度还不能数控；切割头活动的范围有限；机位固定，不适于流动作业；其价格不菲，尚未普及，等等。

正是基于上述原因，本书介绍的展开放样训练选择的都是比较直观的传统几何法。

4. 常用三样板

（1）样板的应用与分类

为了避免损伤钢板，一般不在钢板上直接放样，而是通过放样制作样板，再靠准样板在钢板上划线。这样做的好处在制作多件样板时更明显，而且借助样板可以在钢板上套料排图，使材料得到充分利用。

放样时一般要制作 3 个样板。除了下料用的展开样板外，还有成形时检测弯曲程度的成形样板，以及组装时检测相对角度、相互位置的组装样板。后两种样板通常又叫做卡样板。

（2）外包样板、内铺样板与平料样板

样板因使用场合的不同而有不同的形式，常用的有外包样板、内铺样板与平料样板。平料样板用得最多，此前我们提到的样板都是成形前的平料样板。但有时候我们需要在成形后的板料上划线，这时就要用到外包样板或内铺样板了。管外划线，用外包样板；筒内划线，用内铺样板。例如，制作直径不太大的等径焊接弯头，工艺上宜先卷制成管子，后切割成管段，再组焊成弯头，这种情况下就要准备外包样板；而在大管、大罐内划线开孔就要用内铺样板。

特别指出的是，对于平料样板号料，弯曲的是板料，板厚处理考虑的是板料的厚度；对于外包样板和内铺样板号料，弯曲的是样板，板厚处理考虑的是样板的厚度。

（3）样板的材料与制作

制作样板的材料常用的有厚纸板、油毛毡和薄铁皮。这些材料各有所长，可根据需要选用：厚纸板性价比低，适宜制作小样板；油毛毡拼接方便，适宜制作大的展开图，应用广泛，但不能多次使用；薄铁皮制作的样板尽管价格偏高，但强度与刚度都好，精确，耐用，便于保存，特别适于批量生产，更是制作卡样板的首选材料。

5. 展开精度控制

既然是样板，就不能走样，必须很精确。用行话说，样板必须精度高、误差小。影响样板精度的主要因素有原理误差、实长误差、作图误差和样板制作误差。

（1）原理误差

前面说过，展开的原理是逐步逼近。逐步逼近的每一步都是近似的，当然每一步的结果都有误差，这种误差就是原理误差。但是这种误差易控制，从定性角度看，只要增加等分点就可以了。然而从定量分析来看，随着等分点的增加，作图工作量也成倍增加。实践中常用的处理办法有如下几种：

① 以规则曲面代替不规则曲面，以曲线长代替直线长，在不增加等分点的前提下取得更精确的展开效果。

② 分析曲线走向、曲率、极值、拐点，在曲线急剧变化段多插点，在曲线平缓段少插点，这样只增加不多的几个点，即可达到翻倍的展开效果。

③ 利用画一个展开图去掉的部分制作另一个展开图，如等径三通插管展开图和主管开孔展开图就共用同一条展开线。

（2）实长误差

实长误差是指求实长时产生的误差，它与求实长的方法以及计算、作图等操作有关。这里暂且不考虑操作方面的随机误差，控制实长误差的关键是求实长的方法要正确。如果采用几何法展开，则作图误差对所求实长的影响也不可忽略。

（3）作图误差

画（划）线作图是一项精细操作，技巧性强，综合性强。

精细操作：展开放样的精度要求高，俗话说"长木匠，短铁匠"，对钣金工而言，展开放样的图样最终要在钢板上划线下料，钢板料若长了、大了还好处理，若短了、小了可就难办了，一旦质量要求高，下短、下小的料就只能报废了。

技巧性强：画（划）线作图是一种技能，是一种功夫，不仅要正确、精确，而且要快捷，钣金工必须经过长时间的实践锻炼，才能有炉火纯青的表现。

综合性强：划准一条线是基本操作技能，怎么划，划在哪里是高级运用技能。如果不懂得钣金制作工艺，不能熟练掌握展开放样的方法，不能掌握误差放大和缩小的趋向，不会控制累积误差的大小，不会选择插值的位置与点数等，那么就肯定制作不好展开图。

减小作图误差是展开放样的基本要求。尺寸、点位误差一般控制在 0.25 mm 以下。

目前精确作图的最好方法是计算机辅助展开。在计算机上用几何法作图，既形象又精确。在常用的绘图软件中，AutoCAD 是很优秀的二维作图软件。钣金展开图正是二维图形，用 AutoCAD 作展开放样，效果非常好。

（4）样板制作误差

样板制作的精度主要靠制作者的手面功夫。如果制作者的钳工基本操作掌握得好，操作熟练，运用良好，那么其制作出来的样板比画出来的展开图应该还要精确。方法可以从书本上学得，技能必须在实践中练就。由于这项技能是练出来的，因此我们要求钣金实训的前导课程就是"钳工实训"和"焊接实训"。

总之，正确展开并保证精度涉及多项因素，需要协调控制，要真正做好它，确实有一定难度。解决的办法，一是学二是练，功到自然成。首先，展开放样是一门专门技术，需要认真学习，文化程度差的钣金冷作工与铆工更需要刻苦学习。其次，展开放样是一种专门技能，不到实践中磨炼是不可能掌握的，只有亲身经历多次放样制作实践的人才会熟能生巧，把握分寸，取舍有度。

（三）几何法展开的基本方法应用与实例

1. 几何作图

（1）常用的几何划线工具

首先解释一下两个概念："画线"与"划线"。说起画线，大家没有不明白的；然而提起划线，能准确表述的人就不多了。此处所说的划线是专业术语,它也是一种画线方式,只不过用的工具和画的对象不同。通常画线是指用色笔、圆规等工具在图纸上涂画出色线;划线是指用划针、划规、中心冲等高硬度划线工具直接在材料上精确地刻划和冲点,划出的线条很细。为了凸显划出的线条,往往还要沿线打上样冲眼;为了清晰起见,必要时在金属材料表面还专门涂色。显然,用划针划线比用铅笔画线要精确得多。展开放样和样板制作的材料一般采用薄钢板、厚纸板和油毛毡,要在这些材料上精确作图则以划为主。当然,需要时也可以用色笔画,只要能保证精度要求,什么方便,就采用什么方式。钣金冷作工与铆工以划为主的常用划线工具如下:

① 15 m 盘尺、3 m 卷尺、1 m 长尺、300 mm 钢尺、150 mm 钢尺、150 mm 宽座角尺、万能角尺、大三角板和吊坠;

② 划规、分规、地规、划针、划针盘、石笔、粉线和墨斗;

③ 中心冲和手锤;

④ 展开平台。

(2) 常画的几何线

对展开放样来说,以下常用的一些几何线的画法是必须掌握的(具体的画法就不多讲了):

① 长直线、大圆弧的画法;

② 特殊角度、一般角度的画法;

③ 直线、圆弧、角度的等分;

④ 直线与曲线的吻接;

⑤ 常见曲线(正弦曲线、椭圆、四心圆、摆线、渐开线、阿基米德螺线)的画法。

2. 大小头的展开与放射线法

(1) 大小头的表面特性

大小头的上下口平行,它是圆管变径时使用的连接件,有同心和偏心之分。同心大小头的表面是正圆锥面,偏心大小头的表面是斜圆锥面。若立管变径,其连接件常采用同心大小头。若水平管道变径,则要求严格时连接件用同心大小头就不合适了。因为介质为液体时水平管道需要排除内部产生的、妨碍运行的气体,所以连接处要求管道顶平,以利于排尽不需要的气体。相反,气管则需要排除积液,要求管道底平,以利于排尽不需要的液体。90°偏心大小头可以在水平敷设的管道变径时使管道顶平或底平,因而在水平管道变径中可大显身手。

前面说过,同心大小头是正圆锥面,偏心大小头是斜圆锥面,它们有什么共同点呢?我们不妨设想一下:水平面上有一个圆 D(圆心为 O),水平面外有一个点 A,有一条直线 L 通过该点和圆上一点。现在让这条直线一端固定在点 A 不动,另一端沿着圆的轨迹向同一个方向转动一周,那么这条线将在空间形成一个曲面,这个曲面就是锥面。如果固定点在通过圆心的铅垂线上,则形成的锥面就是正圆锥面;如果固定点不在通过圆心的铅垂线上,则形成的锥面就是斜圆锥面。

形成锥面的那条线叫母线,母线运动的轨迹圆叫基线,基线所在的平面叫基面。母线在转动中通过的每个位置都形成一条特定的直线,称这些线为素线。如果母线不通过固定点,而是保持与基面的某一轴向成一固定角度,也沿某一给定基线运动,那么所形成的曲面就是柱面。其中母线垂直于基面、基线为圆时的特例,就是我们非常熟悉的正圆柱面。

母线是直线而形成的曲面,就是所谓的直纹面。直纹面由无数的素线组成。锥面的素线相交,柱面的素线平行。就展开而言,这个认知很重要,前者引申出展开的放射线法,后者引申出展开的平行线法。

直纹面的展开比较好处理,成形时大多是绕素线弯曲,因而制作起来比较容易。从方便制作、经济合理方面考虑,一般壳体设计大都选择各种直纹面的组合。

(2) 同心大小头的展开

图 2 - 14 所示为同心大小头的展开画法,下面具体分析其展开过程。

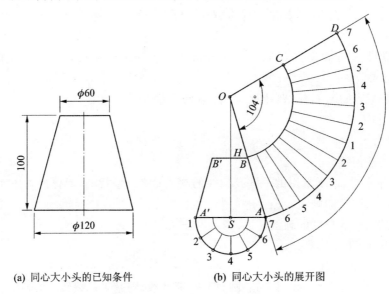

(a) 同心大小头的已知条件　　(b) 同心大小头的展开图

图 2 - 14　同心大小头的展开画法

1) 已知条件

如图 2 - 14(a)所示,大头中径 $\phi_D = 120$ mm,小头中径 $\phi_X = 60$ mm,高 $h = 100$ mm;大、小口平面互相平行,且小头圆心在大头平面的投影与大头圆心重合。

2) 展开步骤

如图 2 - 14(b)所示,展开步骤如下:

① 以水平面为大头基面,根据已知条件作立面图,即作 $HS \perp SA$,其中 $HS = h$,$SA = \phi_D/2$;过 H 作 $HB // SA$,取 $HB = \phi_X/2$,连接 AB。

② 将锥台斜边 AB 延长,并与中轴线 HS 的延长线交于 O,然后以 O 为圆心,以 OA、OB 为半径分别画弧。

③ 在弧 OA 上量取弧 AD,使其弧长等于底圆周长($L = \pi\phi_D$)。

④ 连接 OD,交弧 OB 于点 C,则扇面 $ABCD$ 为所示展开图形。

注意:不宜先在弧 OB 上量取小头圆的周长,因为这会引起弧 OB 上的量取误差在外弧(弧 OA)上放大,可能导致误差超出允许的公差范围。

3) 计算圆心角

也可以通过计算展开扇形的圆心角来确定 OD。圆心角可按下式计算:

$$\alpha = \frac{\phi_D - \phi_X}{\sqrt{(\phi_D - \phi_X)^2 + 4h^2}} \times 360°$$

将图 2 - 14(a)中的已知条件代入上式,得 $\alpha = 103.4°$。

　　4）等分处理

　　如图 2-14(b)所示,在 AA' 下方拼画半个俯视图,将底圆分为若干等份(此处为 6 等份),并过等分点画出素线;对展开图亦作同样等分并过等分点画出对应的素线。不难看出,它们之间存在着曲面元和平面元、曲面弧长和平面弧长之间的一一对应和等量转换的关系。

　　这种等分处理的方法是展开放样的基本方法,我们在以后的展开中将时常用到。至于分成多少等份则要根据加工精度的要求来合理确定,等份越多越精确,但工作量也越大,一般每等份长度取 $0.5\phi\sim0.1\phi$,ϕ 大取小值,ϕ 小取大值(ϕ 为大径)。如果精度还达不到要求,则可以插点修正。

　　(3) 正圆锥斜截体表面的展开

　　如图 2-15 所示,同心大小头的上口面垂直于正圆锥的中轴线。如果截平面不垂直于中轴线,那么截得的将不是圆而是椭圆。这样得到的斜截体表面又怎么展开呢? 这里的关键是上口展开曲线的画法。我们已经知道,大口的展开曲线是圆弧,对应的弧长就是下口圆的周长。展开后的素线汇交于一点 O,呈放射状,相邻线夹角相同。且看立面图,过下口各等分点的每一条素线都被上口线 CD 分割为两段,交点到锥顶的长度,如点 $5'$ 所对应的 OK,并不等于展开后的实际长度。而画展开图需要求出的是空间线 OK 的实长。

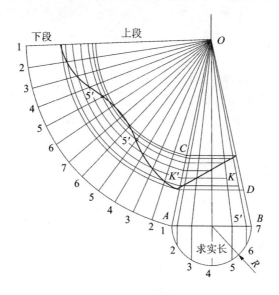

图 2-15　正圆锥斜截体表面的展开图

　　下面以等分点 5 为例,说明上述素线实长的求法和对应展开点的画法。

　　① 作锥 OAB 的立面图,并按给定条件画出截面线 CD,在 AB 下方拼画半个俯视图,然后 6 等分半圆,得等分点 1、2、3、4、5、6 和 7。

　　② 先由俯视图等分点 5 向 AB 作垂线,求出该等分点在立面图上的位置 $5'$;连 $O5'$,得立面图素线 $O5'$。

　　③ 过 $O5'$ 与截面线 CD 的交点 K 作底边 AB 的平行线,交锥边线 OA 于 K',则 OK' 是 OK 的实长。

　　④ 以 O 为圆心、OA 为半径画弧,沿弧量取弧长 $A1$ 等于下口周长,12 等分该周长,然后连接顶点 O 与各等分点,编号如图 2-15 所示,得整个圆锥的展开图。

⑤ 以 O 为圆心，OK' 为半径画弧，交两条 $O5$ 线于两个 $5'$ 点，此即所求展开点。

同法求出其他各展开点，并依此圆滑连接各展开点，得出斜口展开曲线。再将上下口展开曲线端点相连，完成展开图。

（4）偏心大小头的展开

偏心大小头的展开稍微复杂一些，但与同心大小头一样，它也可以通过大头斜锥削掉小头斜锥而得出，因此，偏心大小头的展开问题实质上是斜锥的展开问题。斜锥的展开程序是：首先按已知条件画出立面图，然后确定底圆等分点，再求等分点素线的实长。

图 2-16 所示为斜锥的展开画法，下面具体分析其展开过程。

1）斜锥的已知条件

如图 2-16(a)所示，大头中径为 ϕ_x，小头中径为 ϕ_s，斜锥台高为 h，偏心距为 e；斜锥台上下口面平行且关于中面 $OS7$ 对称。

2）斜锥的展开分析

① △$OS6$ 中，OS 是斜锥的高，$S6$ 是素线 $O6$ 在俯视图上的投影。因为 OS 垂直于底面，故 Rt△$OS6$ 是直角三角形，∠$OS6$ 为直角，而素线 $O6$ 是该直角三角形的斜边。这就是求斜锥素线实长的依据。

② 锥台实际上是以同一斜锥切掉上面的小锥形成的，显然，展开图组成上也有同样的关系。展开时我们先处理大锥，后解决小锥。

3）斜锥展开第一步——求斜锥底圆各等分点上素线的实长（见图 2-16(b)）

① 按已知条件画立面图和俯视图。注意：画立面图时，应以中径为准。如果已知条件给定的是外径或中径，就必须根据板厚先求出中径。

（a）画水平线 L_1 并在其上取点 O_1 和 E，使 $O_1E=e$；然后以 O_1 为圆心，$\phi_x/2$ 为半径画半圆，交水平线 L_1 于 1、7 两点。

（b）过 E 作水平线 L_1 的垂线 L_3，并在其上取 O_2，使 $O_2E=h$；过 O_2 作水平线 L_2；以 O_2 为圆心，$\phi_x/2$ 为半径画弧，交 L_2 于 1°、7° 两点。

（c）连接 1、1° 和 7、7° 并延长相交于点 O；过点 O 作 L_1 的垂线，垂足为 S；过 S 作半圆的切线。$S7$、切线与以 O_1 为圆心，$\phi_x/2$ 为半径所画的半圆实际上构成斜锥的半个俯视图，所以这一步又叫做"拼接半个俯视图"。

② 利用∠$OS7$ 为 90°求实长。首先说明两点：一是为了方便展开，以后我们画图时常常将几个视图叠合画在一起，这样，点的标号可能会重复出现，而绘图者自己当然清楚它们所在的视图；二是在对称情况下，作图一般只画一半，遇到全图展开时，对称点的点号都按同号对称布置。了解了这种处理方式，就容易寻找对应点。

（a）6 等分下口半圆。

（b）以锥顶的垂足 S 为圆心，其到各等分点的长度为半径画弧，将各等分点素线的投影长度等量转移到底边，得点 1、2、3、4、5、6 和 7。然后连接各转移点与锥顶，则各转移点与锥顶的距离就是各等分点素线的实长。

4）斜锥展开第二步——画展开图（见图 2-16(c)）

① 以 $O1$ 为剖开线，在合适处的垂直方向作中线 $O7$。

② 以点 O 为圆心，各等分点素线实长为半径画弧 1、2、3、4、5 和 6。

③ 以点 7 为圆心，1/12 底圆周长为半径画弧，交弧 6 于两个点 6。再以这两个点 6 为圆

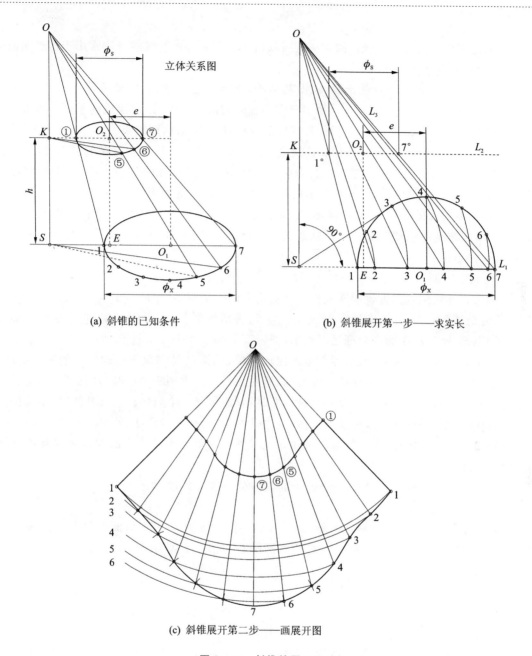

(a) 斜锥的已知条件　　　　　　(b) 斜锥展开第一步——求实长

(c) 斜锥展开第二步——画展开图

图 2-16　斜锥的展开画法

心,1/12 底圆周长为半径画弧,交弧 5 于两个点 5。如此下去,同法求得两个点 1。

④ 检查所得 13 个点的曲线长度,若与计算所得的底圆周长误差超出±3 mm,则应及时修正。

⑤ 圆滑连接各点,得到大口展开线。

⑥ 如图 2-16(c)所示连接点 O 与各点,并在上述各线上由点 O 起量取小锥相应实长。然后圆滑连接所得各点即成小口展开线。

⑦ 连接大小口对应端点,完成整个展开图。

（5）放射线展开法

按上述大小头展开步骤展开的方法就叫放射线展开法。放射线展开法常用于锥形曲面的展开,其展开基本过程如下:

① 针对素线有同一顶点的锥面,根据其结构,依照一定的规则,将该锥面划分为 N 个共一顶点、彼此相连的三角曲面元。对每个三角曲面元,都用其 3 个顶点组成的平面三角形逐个替代,即用 N 个三角形替代整个曲面,其替代误差随着 N 的增加而减小。

② 在同一平面上按同样的结构和连接规则组合画出这些呈放射状分布的三角形组,逐步得到模拟整个曲面的近似展开图形。因为共一顶点,所以这些三角形的边形成一组放射线。

③ 利用这组放射线可以将其他相似的展开曲线、开孔线等画出来。

④ 确定替代元的数量 N 是很重要的实际问题。若 N 过大,则会增大工作量和劳动时间;若 N 太小,则精度达不到要求。一般根据误差大小、加工工艺和材料性质等因素通过实践来选择 N 的大小。

（6）方圆头的展开

方圆头是连接圆管与方管的连接件。一般把大的一头叫地,小的一头叫天,因而方圆头有时叫"天方地圆",有时叫"天圆地方"。通过对方圆头结构的分析,我们发现,它总是由平面部分和斜锥面部分组成,平面部分都是三角形,斜锥部分则是 4 个 1/4 斜锥。

方圆头的展开看起来复杂,实际上道理比较简单,只不过是前面讲过的斜锥的展开而已。其展开的关键在于弄清锥顶所在点,然后向圆所在面投影。方圆头平口时与底面等高,实长只随俯视图的投影而变。当方圆头有一个对称面时,只需展开一个斜锥。画展开图时,不要颠倒了顶点,直线边组成折线相连,都是直线;弧线边弧弧相连,全部为曲线。

方圆头的主要参数有:方口的对边尺寸 $m×n$、圆口的中径 ϕ、指定点高度 h、两个端面之间的夹角、偏心距和板厚。

图 2-17 所示为方圆头的展开画法,下面具体分析其展开过程。

1）已知条件（见图 2-17(a)）

天圆中径为 ϕ,地方边长（对边中距）为 $m×n$,小锥高度为 h,上下口面夹角为 α;该天圆地方有一个对称中面,B'' 点（B 在圆面的投影）对圆中心的相对位置为 $(-s, n/2)$。

2）展开要求

求制作该天圆地方的展开下料样板。

3）画立面图（见图 2-17(b)）

① 作水平线 L_1 及其垂线 BB',B' 为垂足,且 $BB'=h$。

② 过 B 作与水平线夹角为 α 的直线 BA,且 $BA=m$。再过 A 作 L_1 的垂线,交 L_1 于 A'。

③ 在 L_1 下方作与其距离为 $n/2$ 的水平线 L_2。

④ 在 BB' 右侧作与其距离为 s 的平行线 L_3,交 L_1、L_2 于 O_1、O。

⑤ 在 O_1 两侧取与其距离为 $\phi/2$ 的 C、D 两点,连接 B、C、D、A 和 B、O_1、A、O_1（为避免线多混淆,图中略去）,完成立面图。

4）画俯视图（见图 2-17(b)）

实际展开时不必画出整个俯视图,只需在 $B'A'$ 处拼画半个俯视图即可。

① 延长 BB'、AA' 交 L_2 于 B''、A'',连接 B'、B'' 与 A'、A''。

② 以 O 为圆心,$\phi/2$ 为半径作半圆,交 L_2 于 C、D,交 L_3 于 E。

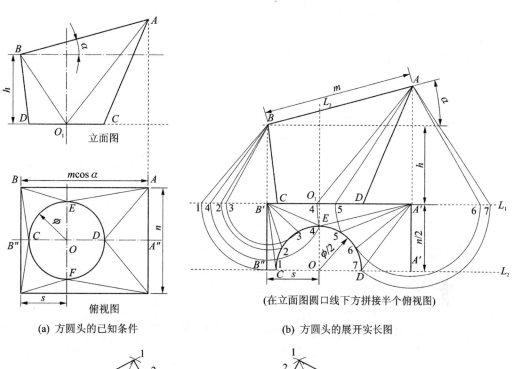

(a) 方圆头的已知条件　　(b) 方圆头的展开实长图

(在立面图圆口线下方拼接半个俯视图)

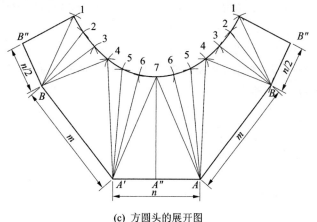

(c) 方圆头的展开图

图 2 - 17　方圆头的展开画法

③ 在俯视图上连接 CB'、EB'、EA'、DA',完成俯视图。

5) 求实长(见图 2 - 17(b))

① 6 等分半圆口,等分点为 1、2、3、4、5、6 和 7,其中 4 与 E 为同一点。

② 以 B'、A' 为圆心,将 B' 至 1、2、3、4,A' 至 4、5、6、7 的长度转移到 L_1 上以求实长。

③ 连接 B 与 $B'A'$ 线上的各对应点,得锥 B 各等分点素线的实长,即 $B1$、$B2$、$B3$、$B4$;同法求得锥 A 各等分点素线的实长,即 $A4$、$A5$、$A6$、$A7$。

6) 画展开图(见图 2 - 17.(c))

① 计算圆口 12 等分弧长:$s = \pi\phi/12$。

② 以线 $1B''$ 为剖切线,线 $7A''$ 为对称中心线画展开图。在合适位置取水平线段 AA',使 $AA' = n$。分别以 A、A' 为圆心,$A7$ 为半径画弧,交于点 7。连接 A、A'、7 三点。

③ 以 A、A' 为圆心，$6A$、$5A$、$4A$ 为半径画弧，画弧时注意控制弧长及位置。

④ 以点 7 为圆心，s 为半径画弧，交弧 $A6$、弧 $A'6$ 于两个点 6。然后分别以两个点 6 为圆心，s 为半径画弧，交弧 $A5$、弧 $A'5$ 于两个点 5。之后再以两个点 5 为圆心，s 为半径画弧，交弧 $A4$、弧 $A'4$ 于两个点 4。

⑤ 分别以点 4 为圆心，$B4$ 为半径画弧，以点 A 为圆心，m 为半径画弧，得两弧交点 B。同法在另一边求得 B'。

⑥ 分别以 B、B' 为圆心，$B3$、$B2$、$B1$ 为半径画弧。

⑦ 以两个点 4 为圆心，s 为半径画弧，交弧 $B3$ 于两个点 3。同法继续求得两个点 2 和两个点 1。至此共求得圆口展开曲线上 13 个点。

⑧ 沿这 13 个点量其长度，若其累积误差不大于 3 mm，则圆滑连接该 13 个点，得到圆口展开曲线。

⑨ 以两个点 1 为圆心，BC 为半径画弧，与以 B、B' 为圆心，$n/2$ 为半径所画弧相交，得左右两个点 B''。连接 1、B''、B、A 和 1、B''、B'、A，完成整个展开图。

3. 弯头的展开与平行线法

(1) 圆管弯头及其主要参数

弯头是用于管道转弯时的连接件。弯头的种类很多：按口径，分为等径弯头和异径弯头；按制作方式，分为弯制弯头、压制弯头、挤制弯头和焊制弯头；按截面形状，分为圆管弯头、方管弯头、方圆管转换弯头、异径弯头（在转弯过程中截面大小改变而形状不发生改变）、异形转换弯头（在转弯过程中截面形状逐步发生改变）等。我们这里讲的弯头展开，指的是一节节组焊而成的"虾米弯"，主要包括等径圆管弯头、异径圆管弯头、方圆管转换弯头。其他形状的弯头并不常见，因为若没有特殊需要，则通常不会设计展开复杂、加工困难的弯头。

焊制弯头的几个主要参数如下（参看图 2-18(a)）：

· 弯头角度：弯头两个管口面之间的夹角。

· 弯头直径：弯头管材的外径、内径或中径。

· 弯曲半径：管段轴线的内切圆半径，即管口中心到两管口面交线的距离。

· 弯头节数：弯头的端节是中间节的一半，两个端节合起来是一节，再加上中间节数，合称弯头的节数。

关于弯头节数的确定方法，目前没有统一的规定。一种方法是把中间节的数量称为节数，另一种方法是把组成弯头的段数称为节数。对于图 2-18(a)所示弯头，按中间节的数量可称其为二节弯，而按组成弯头的段数称其为四节弯，钣金冷作工则称其为三节弯。称其为三节弯的合理之处：一是便于半节角度的计算；二是弯头的节数等于焊接接口的数量；三是对于两个半节组成的一节弯，前一种弯头节数确定方法根本就不将其纳入自己的系列，而是换一种称呼，后一种弯头节数确定方法中则根本不存在一节弯头的概念。

(2) 平行线法

下面介绍展开时常用的另一种方法——平行线法。平行线法常用于素线互相平行的柱形曲面的展开，其展开的基本过程如下：

① 针对曲面的结构特点，依照设定的规则，将该曲面划分为 N 个彼此相连的梯形微面域（以下称微面域为面元）；梯形的平行边一般选在曲面的素线处；一般根据误差大小、加工工艺和材料性质等因素通过实践选择 N 的大小。

② 每个梯形面元都用其 4 个顶点组成的平面梯形逐个替代,即用 N 个梯形替代整个曲面,其替代误差随着 N 的增加而减小。

③ 根据视图的尺寸、位置的对应关系,即"长对正、高平齐、宽相等"的三等关系和上下、左右、前后的方位关系,用与各视图相关的平行线求取相贯点的位置、每个梯形各边的实际长度。

④ 在同一平面上按同样的结构和连接规则组合画出这些梯形,得到模拟曲面的近似展开图形。

弯头、三通等柱形表面的展开放样都是平行线展开法的典型例子。

(3)等径弯头的展开

图 2-18 所示为等径三节弯头的展开画法,下面具体分析其展开过程。

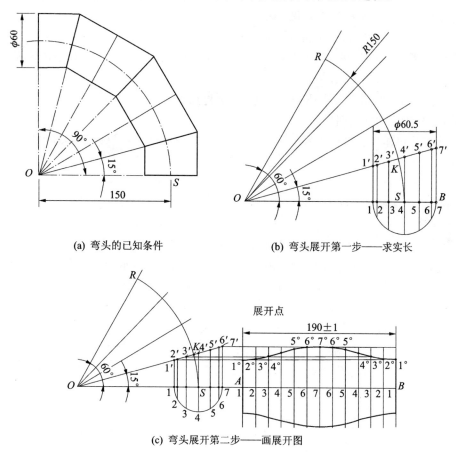

(a) 弯头的已知条件   (b) 弯头展开第一步——求实长

(c) 弯头展开第二步——画展开图

图 2-18 等径三节弯头的展开画法

1)已知条件(见图 2-18(a))

弯头角度 $\alpha = 90°$,管子外径 $\phi_w = 60$ mm,弯曲半径 $R = 150$ mm,弯头节数 $n = 3$,样板厚度 $\delta = 0.5$ mm。

2)展开要求

① 用平行线法制作外径 $\phi60$ 管的外包全节样板。

② 方法正确(展开方法不是惟一的,本题要求按教师指定的方法做)。

③ 作图精确:几何作图误差不大于 0.25 mm,展开长度允差为 ± 1 mm。

3）展开准备

① 求半节角度：按节数计算半节（端节）截面倾斜角度（$\alpha_b = \alpha/2n$）。

② 展开三处理（即板厚处理、接口处理和余量处理）：按管径、材料板厚、连接方式和制作工艺决定展开中径、接口位置和余量。

因为本题制作的是外包样板，所以画立面图时，管口直径应该选择包在管外的样板卷筒的中径。本题已知条件中给出了管子外径，实际上就是给出了样板卷筒的内径。故样板卷筒的中径 $\phi = 60$ mm $+ 0.5$ mm $= 60.5$ mm。

4）求实长（见图 2-18(b)）

① 画半节弯头的端面角度线：

（a）先计算半节弯头的端面角度，即

$$\alpha_b = \alpha/2n = 90°/(2 \times 3) = 15°$$

（b）作水平直线 OB，在 OB 上取 $OS = 150$ mm。然后分别以 O、S 为圆心，OS 为半径画弧交于 R。

（c）4 等分弧 SR，得等分点 K，连接 OK 并适度延长。

② 画半节弯头的立面图：

（a）计算外包样板卷筒的半径 $r = \phi/2 = (60+0.5)$ mm$/2 = 30.25$ mm（可通过 4 等分长度为 121 mm 的线段获取）。

（b）在线 OB 的点 S 两侧取 1、7 两点，使 $S1 = S7 = 30.25$ mm。

（c）过 1、7 作 OB 的垂线 $11'$、$77'$，交 OK 于 $1'$、$7'$，则梯形 $11'7'7$ 即为半节弯头的立面图。

③ 求实长：

（a）以 S 为圆心，$S1$ 为半径在下方画半圆并 6 等分之。

（b）过各等分点作 OB 的垂线，交 OB 于 1、2、3、4、5、6、7，交 OK 于 $1'$、$2'$、$3'$、$4'$、$5'$、$6'$、$7'$，则 $11'$、$22'$、$33'$、$44'$、$55'$、$66'$、$77'$ 即为半节弯头管口各等分点上的素线实长。

5）画展开图（见图 2-18(c)）

① 计算展开长度：$L = \pi(60+0.5)$ mm $= 190$ mm。

② 作平行素线组：在 OB 上取 $AB = 190$ mm（注意误差控制在 ± 1 mm 以内），12 等分 AB。然后过各等分点作 AB 的垂线组，上下长度略超过 $77'$。再以 $11'$ 为切开线，依次标明各等分点。

③ 求端口展开曲线：从 $1'7'$ 引 SB 的平行线，与对应垂线交于 $1°$、$2°$、$3°$、$4°$、$5°$、$6°$、$7°$，圆滑连接这 13 个点，此即半节端口的展开曲线。曲线梯形 $AB1°7°1°$ 为半节（端节）的展开图形。

④ 画全节展开图：以线 AB 为中轴线画出上述展开曲线的对称曲线。这两条关于 AB 对称的展开曲线及其对应端点的连线所围成的区域就是展开图。

实际操作时，一般用划规量取各点实长值，尺寸大时则直接用尺量取。再以 AB 上各对应分点为中心上下画弧或量取实长，以求展开点。然后将这些展开点圆滑连接成展开曲线。连线时可以使用曲线板或弯曲的钢尺，也可以手工描绘。若用曲线板或弯曲的钢尺，则一次画线至少要通过 3 点；若手工描绘，则可以先把各点用直线连成折线，然后在折线的基础上根据曲线的凹凸方向适度修描。为避免接缝处产生尖角，此处曲线要修描到其切线与接缝垂直。

必要时，下料的钢板上还应划出折弯线，作为成形时弯曲加工的位置。这些线就是平行素线组。因此平行素线组在样板上还应该保留下来。

6) 直管号料(见图 2-19)

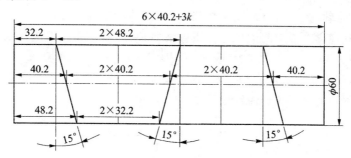

图 2-19　直管号料图

小口径弯头一般直接用小口径管制作,不需要卷管,所以样板要做成外包式的,包着管子划线。至于大口径管,市面上没有现成的管材供应,只能卷制。但是由于单节弯头展开后宽度尺寸变化大,上机卷制时弧度弯曲不均匀,因此工艺上常采用先卷管后割各节的做法,这也需要制作外包样板。样板制作好了以后,如何用它号料呢? 其步骤通常如下:

① 计算准直管的管长。三节弯头由两个全节和两个半节组成,划线时数量要相符,否则少则误工,多则浪费。尤其是不要忘记留切割和修整余量。图 2-19 中量得半节中心高为 40.2 mm,则直管长度 $L = 6 \times 40.2$ mm $+ 3k$(k 为切割与修整余量,其值根据精度要求、切割方法和操作水平综合选取)。

② 下料时应先在管端圆周 4 等分处沿轴向划出 4 条素线,作为外包样板对位时的基准线,并按事先计算的数据标出定位点。

③ 按基准点线用样板划线,有误差要分析,并及时调整纠正。

④ 各基准线处也是弯头组装时重要的对位点,为了防止工作中所划的线被擦掉,最好在基准线处打上几点样冲眼或做上其他标记。

⑤ 正弦线画法。弯头斜口的展开曲线其实就是正弦曲线,可以用解析几何介绍的画法来画它的展开图。正弦曲线 $y = \sin(\omega x + a) + k$ 中,a、k 决定正弦曲线在图中的位置;r 决定正弦曲线的极值,也就是基圆的半径,对放样而言,就是端节最长素线与最短素线之差的一半;ω 决定正弦曲线的周期,对放样而言,$\omega = 2/\phi$。针对图 2-19 中的弯头,按正弦曲线的画法展开如图 2-20 所示。

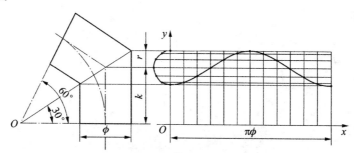

图 2-20　弯头斜口的展开正弦曲线

取坐标系,如图 2-20 所示,则斜口的展开曲线为正弦曲线,即

$$y = r \sin\left(\frac{2x}{\phi} - \frac{\pi}{2}\right) + k$$

式中:k 为斜口椭圆中心的高;r 为斜口最高点与中心的高差,它也等于最低点与中心的高差。据上式,既可以用计算法,也可以用绘图法来展开该弯头。

直角马蹄弯在我国北方取暖炉风管上用得最多,它的展开放样即用此法。由于直角马蹄弯(已知管子直径为 D)的侧管与立管垂直,$r=D/2$,因此可以不画立面图和断面图,直接以 $D/2$ 为半径画圆,将半圆 6 等分;然后以 πD 为周期,划出正弦曲线;再按管节高度完成展开图。直角马蹄弯斜口的展开正弦曲线如图 2-21 所示。

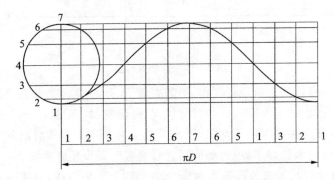

图 2-21　直角马蹄弯斜口的展开正弦曲线

(4) 异径马蹄弯的展开放样

在实际应用中,异径马蹄弯的上下半节有两种组合:一是上半节是管,下半节是正圆锥;二是上下都是正圆锥。准确地说,前者是管锥弯,后者是一节渐缩牛角弯。此处先介绍前者的展开,后者在后面的"(5) 渐缩牛角弯"中介绍。

【例 2-1】给定锥角的管锥弯如图 2-22 所示。已知马蹄弯的弯曲角度为 60°,角心距 $B=120$ mm;上半为直管,外径为 $\phi 80$ mm,即上口外径为 $\phi 80$ mm;下半节为正圆锥,下口外径为 $\phi 120$ mm,底角为 75°;上半节样板厚度 $\delta=0.5$ mm,下半节样板厚度 $\delta=3$ mm。求作:① 上半节的外包样板;② 下半节的下料样板。

画立面图是本例的关键,也是本例的难点。图 2-22 中的右图为其他条件不变仅将上口外径改为 $\phi 60$ mm 时的立面图。图中尺寸 80.93 和 60.7 是对应锥口椭圆短轴的长度(单位为 mm),略大于对应的管径,因其误差小于 1 mm,尚在允许范围之内,所以展开是完全可行的。

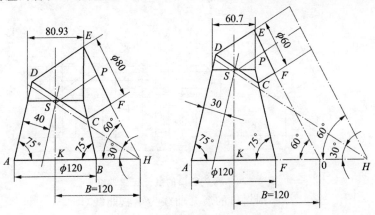

图 2-22　给定锥角的管锥弯

给定锥角的管锥弯上半节的展开图如图 2-23 所示,给定锥角的管锥弯的展开图如图 2-24 所示。

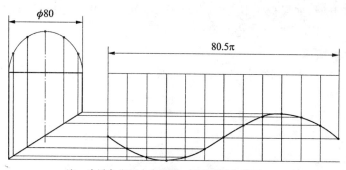

注:为避免出现十字焊缝,管节接缝宜错开 90°。

图 2-23 给定锥角的管锥弯上半节的展开图

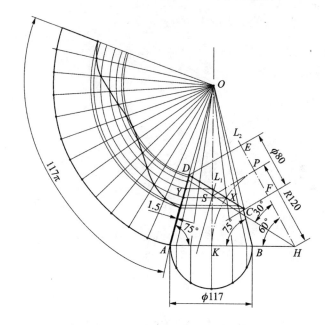

图 2-24 给定锥角的管锥弯的展开图

展开提示如下:

1) 画立面图是本例的关键

具体画法如下:

① 如图 2-24 所示,作长度为 117 mm 的线段 AB 及其中垂线 OK,过 A、B 作 AB 的 75°线 AD 和 BC。

② 作锥边线 AD 的平行线 L_1,使之与轴线 OK 相交于 S。L_1 与 AD 的距离为 40 mm。

③ 过 S 作与底线 AB 夹角为 30°的直线 SH,交 AB 延长线于 H;在 SH 的另一边,过 H 再作一条 30°线 L_2。

④ 过 S 作 L_2 的垂线,垂足为 P;在 PS 两旁作与之距离等于 40 mm 的两条平行线,分别与 AD、BC 交于 C、D,与 L_2 交于 E、F。

⑤ 连 C、D,则四边形 $CFED$ 是上管的立面图,但四边形 $ABCD$ 只是下锥的外形图,展开时应该考虑板厚的影响,即按下口中径 $\phi 117$ mm 和锥角 $75°$ 作展开立面图。显然,此时的锥角会相应减小。实际展开时,如果板厚不大,则在求实长时可不考虑板厚的影响,以减少展开作图的工作量,只在计算展开长度时才考虑板厚的影响。

2)不能搞错素线的实长

图 2-24 中 OX 只是立面图上的长度,不是实长。过 X 作底边的平行线,交 OA 或 OB 于 Y,OY 才是所求。

3)可以根据需要适当调整上管的长度,但管端与底边的角度不能改变

图 2-22 的右图中,管锥弯的上管中径为 $\phi 30$ mm,其余已知条件均同于图 2-22 中左图的管锥弯。其展开图的画法具有典型性,读者不妨自己独立画出其展开图。

【例 2-2】给定管口位置的管锥弯如图 2-25 所示。已知弯曲半径为 R,弯曲角度为 α,上管外径为 ϕ_s,下锥底外径为 ϕ_x,样板板厚为 δ_1,下锥板厚为 δ_2。求作:① 上半节的外包样板;② 下半节的下料样板。

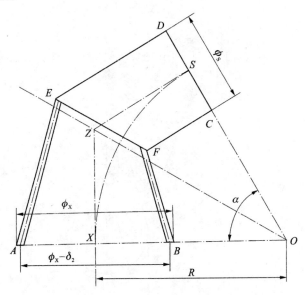

图 2-25 给定管口位置的管锥弯

展开说明如下:

1)立面图的画法

① 在 $\angle\alpha$ 的底边距顶点 O 为 R 的点 X 作垂线 ZX,交 $\angle\alpha$ 的角平分线于 Z;过 Z 作 $\angle\alpha$ 另一边的垂线 ZS,垂足为 S。

② 分别以 X、S 为圆心,$\phi_x/2$、$\phi_s/2$ 为半径画弧,交 $\angle\alpha$ 两边于 A、B、C、D。

③ 以 Z 为圆心作直径为 ϕ_s 的圆;过 A、B、C、D 向该圆作切线,相应交点为 E、F,连 E、F,得管半节立面图——四边形 $CDEF$。

2)对于锥半节,展开要考虑板厚,应以斜口锥管的中径和板中层构建的中锥面进行展开

展开的具体做法是:在 AE、BF 中间分别作 AE、BF 的平行线 OA'、OB',此两条线至 AE、BF 的距离均为 0.5δ,点 O 为两条线的交点,也就是锥顶;EF 位置不变;按锥面 $OA'B'$ 被截面

EF 截得的斜截锥面展开即可。

3）计算展开长度

上半节（斜口圆管）样板按外包样板卷筒的中径计算展开长度，下半节（斜口锥管）样板按斜口锥管的中径计算展开长度（展开过程略）。给定管口位置的管锥弯的展开图如图 2-26 所示。

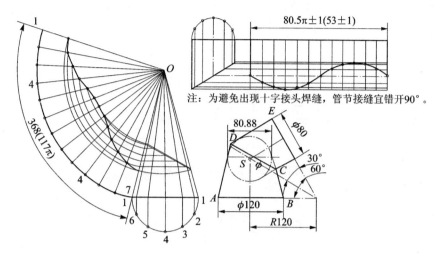

图 2-26 给定管口位置的管锥弯的展开图

本例属近似画法，一般情况下只要能保证过 X 点的直径 ϕ_X 的错位量不大于 1 mm 即可。

（5）渐缩牛角弯

【例 2-3】渐缩马蹄弯（即一节牛角弯）如图 2-27 所示。已知弯头角度 $\alpha=60°$，小口外径 $\phi_1=410$ mm，大口外径 $\phi_2=810$ mm，节数 $n=1$，弯曲半径 $R=800$ mm，板厚 $\delta=6$ mm。

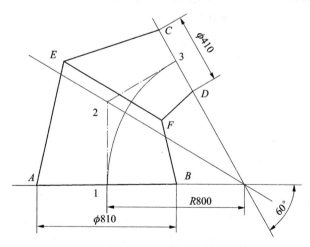

图 2-27 渐缩马蹄弯

渐缩马蹄弯的展开图如图 2-28 所示。

【例 2-4】90°二节渐缩牛角弯如图 2-29 所示。已知小口外径 $\phi_1=400$ mm，大口外径 $\phi_2=800$ mm，节数 $n=2$，弯头角度 $\alpha=90°$，弯曲半径 $R=800$ mm，板厚 $\delta=6$ mm。求作二节渐缩牛角弯各节的下料样板。

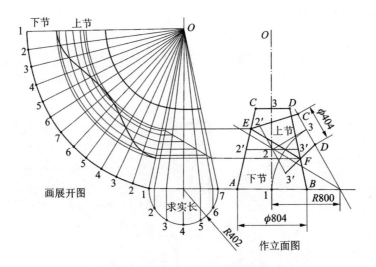

图 2-28 渐缩马蹄弯的展开图

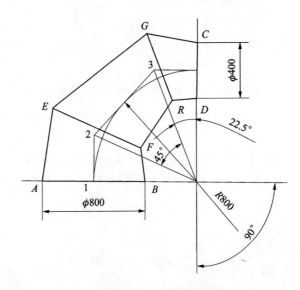

图 2-29 90°二节渐缩牛角弯

本例的难点是画立面图。

立面图按中径画,故小口直径取 400 mm,大口直径取 800 mm。

① 按已知条件在立面图上画出弯头的中轴线,画法同等径弯头,也是两头两个 22.5°半节,中间一个 45°全节,如图 2-29 所示。

② 以 4 个中轴线段之和(由下而上依次逐段增加,即将中轴折线沿垂线 12 展开为直线)为高,以已知条件中的对应值为上下口直径作一正圆锥台,并通过各段中轴线的端点作底边平行线,将正圆锥台分割为 3 段,即得到 3 个梯形,如图 2-30(a)所示。

③ 在上述正圆锥台的右边再复制一个正圆锥台,以其底部为基准,以下半节轴线的上端为旋转中心,将正圆锥台的上部 2 段,包括边线和底线,随同其轴线相对右旋 45°,如图 2-30(b)所示;通过相应锥边或其延长线求交点;继续同一做法,求出全部(2 条)实际结合线;连接相应交点得到正圆锥台 3 段之间的实际结合线,完成立面图,如图 2-30(c)所示。

④ 将实际结合线给出的各段锥边的长转移到左边正圆锥台以求各段实长,如图 2 - 30(d)所示。

90°二节牛角弯的展开图如图 2 - 31 所示(过程略)。

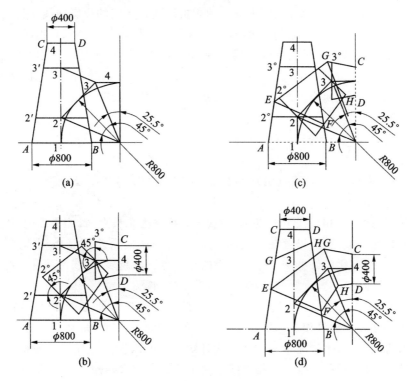

图 2 - 30　90°二节渐缩牛角弯实际结合线的画法

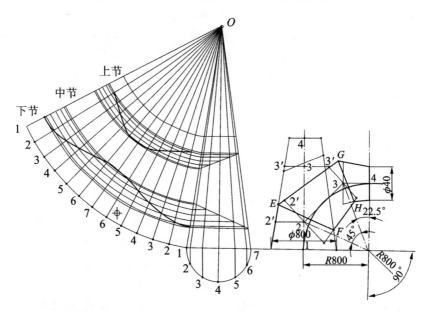

图 2 - 31　90°二节渐缩牛角弯的展开图

4. 相贯线

（1）相贯线的概念

相贯线是空间曲面之交，是两个面方程的共同解。相贯线是空间曲线，由于实际运用中都采用视图来传递设计加工信息，因而图纸上显示的相贯线通常是它的投影曲线。我们常说的相贯线，指的都是空间相贯线对某个面的投影线，而其本身反倒很少被提及，一旦提起，将特别点明。

由于投影是二维的平面曲线，所以相贯线垂直于投影面方向上的特性因取定值而被忽略，但它反映在其他视图上，可根据三视图长、宽、高方面的尺寸关系和前后、上下、左右方面的位置关系把它找回来；其他两个方向所具备的关系和特征则不因其为投影而完全丧失，研究其平面特性正是我们展开放样的必经之路。

研究相贯线的作用归纳起来有以下两点：

① 用于设计、绘图。

② 用于展开放样（主要是通过展开点求实长和借助相贯线求实长）。

（2）相贯线的画法

要画相贯线，须先找相贯线上的点，这些点我们称之为相贯点，将相贯点圆滑连接成线，并把该线当做相贯线。显然，这里存在误差，但是我们有办法使误差足够小，小到允许的范围以内，这就不失为一个实用的好办法。这种关键的相贯点找得越多，画线的精度就越高。因此可知，要解决画相贯线的问题，重要的是解决找相贯点的问题。

有时候，求得的展开点直接对应于等分点，由此通过相贯点即完全可以求得实长，展开线已没有画出来的必要。如果相贯体中的一方通过等分求得相贯点，那么对于另一方，这些相贯点根本不具有等距性质，不便测量和展开。这时候我们可以先通过容易求的相贯点画出相贯线，再等分另一方并通过前面得出的相贯线来确定等分点上素线的实长，继而画出展开图。这种做法也是展开实践中经常采用的方法。

（3）相贯点的求取

众所皆知，视图中的相贯线是一个二元函数，求相贯点必须对函数中一个变量赋值。怎么取值？定步长取值，按等差级数取值是公认的首选。从几何角度看，赋值问题其实就是相贯点的布点问题，此前用过的等分圆的做法就是基于这个思路。展开放样动辄就等分圆。为什么？因为等分圆的最大好处在于操作方便，这意味着圆规在校准了针距以后可以多次使用，而校准针距是很费时的事情。因此，展开实践中大都采用等分待展开面来布置所求的相贯点。

鉴于展开曲线并非线性的，在不同的等分区间变化不一样，因此布点时我们常采用改进的等分法，即插值等分法。在曲线急剧变化段，适当插入几个分点参与展开，以便精细刻画该段的曲线变化。

布点的另一个要求是，一定要有关键点和极限点，如上下方向的最高点、最低点，左右方向的两个边点等。倘若实施中发现原来布点方案的布局考虑不足，还要及时补点。

等分数 N 的选定有讲究。一是其大小，要根据精度要求和曲线变化确定；二是其性质，必须从操作方便考虑。一般取

$$N = 2^i 3^j \quad (i = 0,1; j = 2,3,\cdots)$$

理由是 3 等分半圆及 2 等分弧容易操作。倘若 N 取 13、37 之类的质数，那就麻烦了。每等分长度 T 为 $5\%L \sim 10\%L$（L 为展开长度。当基本尺寸大时 T 取小值，当基本尺寸小时 T 取大值）。

下面结合几个例子说明常用的一些求取相贯点的方法。

1)视图法

视图法从 3 个视图的内在关系(尺寸、位置)入手,通过三视图之间的三等关系和方位关系,在同一视图上画出每个相贯曲面中具备这种关系的点的位置线,然后根据这些位置线的交点求出相贯点。视图法主要应用于关键点、极限点的求取上。

2)素线法

两个直纹面相贯,相贯点是这两个曲面的公共点。从分析相贯点所具有的某一特征入手,在同一个视图上分别画出两个曲面上具有该特征的两条素线,其交点就是相贯点。这种求相贯点的方法叫素线法。图 2-32 中,在立面图上通过支管端圆等分点 P(点 P 与中面 $ABB'A'$ 的距离为 h)作支管素线 PP',然后在侧视图的主管表面上找到与中面 $ABB'A'$ 的距离为 h 的点 S,并过 S 转向立面图作主管素线 SS',两素线 PP' 与 SS' 的交点 P' 即为相贯点。图 2-32 中等分点 H 与 P 到中面的距离一样,过 H 的素线 HH' 与 SS' 的交点 B' 为另一相贯点。

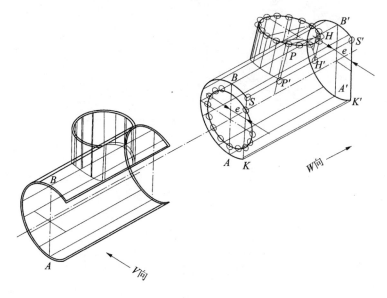

图 2-32　素线法求相贯点(1)

又如图 2-33 中正锥面与圆柱面相贯,为了求得某一等分点 3 对应的相贯点 $3'$ 的位置,先在主视图的锥面上画出该点所在的素线 L_1;然后画出侧视图(图中为右视图)上的素线 L_1,L_1 与圆柱面的交点 K 就是点 $3'$ 在侧视图中的位置。由此向主视图画圆柱面轴线的平行线,即圆柱面上过点 K 的素线 L_2,则 L_1 与 L_2 的交点 $3'$ 就是所求相贯点。

3)轨迹法

轨迹法从点所具有的某种特性入手,通过三视图之间的关系,在同一视图上画出每个相贯曲面具有该特性的点的轨迹,再从这些对应轨迹的交点求出相贯点。例如,通过到中面等距离点的轨迹求异径斜三通的相贯点;通过到两中轴交点等距离的点的轨迹求锥-管相贯、锥-锥相贯时的相贯点。

图 2-34 中的两异径管相贯,就是利用到中面等距离的点的轨迹来求相贯点的。

在主视图中,从支管点 5 画出的虚线平行于支管轴线,该线即支管表面距中面距离等于 30.31 mm 的点的轨迹。在侧视图中,设法求出相贯线上到中面距离也等于 30.31 mm 的点 $5'$,再过此点向立面图作主管轴线的平行线,此线即主管表面到中面距离等于 30.31 mm 的点

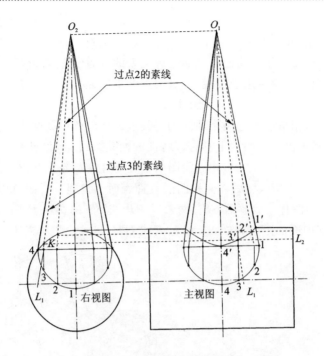

图 2-33 素线法求相贯点(2)

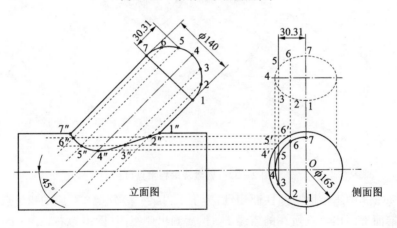

图 2-34 轨迹法求相贯点

的轨迹。两轨迹的交点 5″就是立面图上所求的相贯点。从图 2-34 中还可以看出,在中面不变的条件下,支管不管怎么转动都不会改变各等分点到中面的距离。故实际展开时我们直接按支管的大小作主管的同心圆,并按支管的等分方式对应布置等分点,然后过等分点向上引主管轴线的垂线,交主管外圆后转为主管轴线的平行线,再在立面图上求相贯点。这样就省去了在侧视图中画支管与椭圆口的工作。

下面具体分析如何在立面图上画两个管的相贯线。已知支管外径为 $\phi140$,主管外径为 $\phi165$,轴线相交且夹角为 $45°$。

要画相贯线,需要先求线上的关键点、特征点,然后连点成线,点越多越精准。本题相贯点的求得可通过画主管、支管表面到中面 17 等距离点的轨迹并求其交点的办法实现。其具体步骤如下:

① 在立面图上过支管端圆各等分点画支管轴线的平行线,这些线就是各等分点到中面17等距离的点的轨迹。

② 按各等分点到中面的距离,在侧视图两管的相贯线上找该点的对应位置。相贯线就在侧视图主管外圆上由支管边线界定的弧段,即图 2-34 中粗线所示弧段上。

③ 从各个找到的点引主管轴线的平行线与支管轴线平行线相交,找出并标明对应交点。

④ 圆滑连接上述各点,即得立面图上两个管的相贯线。

4) 辅助截面法

辅助截面法采用一组截面来截两个相贯曲面,或者采用两组截面分别对应地截两个曲面,从截得的截线入手求相贯点。它依据相贯曲面的某一特征选取截面组,通过三视图之间的关系,在同一视图上画出每个相贯曲面上的截线,对应截线的交点即为所求相贯点。需要注意的是,这里截面的概念并不独指平面,而是已拓展到曲面。截面的选取是有条件的,它截得的截线必须是简单易画的直线、圆弧,而不能是又要通过求许多点才能画出的复杂曲线。

常用的截面组有平行平面组、旋转平面组和同心球面组。平行平面组一般用于柱面、锥面、球面等回转面,根据截线是否简单易画来确定平行基面;旋转平面组共一个转轴,一般用于锥面回转面,轴线多在回转轴线或锥顶连线上;同心球面组则用于轴线相交的锥面、柱面和其他回转面,中心位于轴线的交点。例如,布置与两轴线构成的中面平行的一组平行平面组,求异径斜三通的相贯点;布置通过两中轴交点的同心球面,求锥-管相贯、锥-锥相贯时的相贯点。

细心的读者会发现,前面所讲的素线法、轨迹法其实不过是辅助截面法中的一个小类,例如,素线法采用了平行平面组或旋转平面组。而在轨迹法中,通过到中面等距离点的轨迹求异径斜三通的相贯点就是采用平行平面组的辅助平面法,通过到两中轴交点等距离的点的轨迹求锥-管相贯、锥-锥相贯时的相贯点就是采用同心球面组的辅助球面法。在掌握素线法、轨迹法的基础上,全面理解和灵活运用辅助截面法将使你在展开技术上提高一个层次。因此,辅助截面法的掌握与运用,可以作为展开放样技能考核的鉴定点。

5) 换面法

空间相贯线对不同平面的投影是不同的,有的复杂,有的简单。从相贯线的简化入手,合理选择投影面,让相贯线变成已知或易画的线条,这将使展开变得简单。线都出来了,点就不待言了。图 2-35 中画有等径正交三通(A_1、A_2)、等径斜插三通(B_1、B_2)、异径正三通(C_1、C_2)和支管渐缩正交三通(D_1、D_2)4 组图形。

先看主管与支管等径时的情况。图 2-35 中,A_1、B_1 是轴向侧视,相贯线为图中粗圆弧线,视图一画出来它就存在了,因为它就是主管外皮的一部分;A_2、B_2 则是径向主视。不过等径三通的相贯线很特别,因为它既不能偏向主管,也不能偏向支管,只能是两管轴线夹角的角平分线。简单归简单,但相贯线毕竟要画,在这一点上,A_2 不如 A_1。

再看主管与支管异径时的情况。C_1、D_1 与 A_1 一样,也是轴向侧视,相贯线为图中粗圆弧线,视图一画出来它就存在了,因为它也是主管外皮的一部分。但是 C_2、D_2 就不同了,它们的相贯线是未知曲线,还待画出,而且画出这条相贯线还不太容易。

由图 2-35 中可以看出,对于支管与主管夹角为 90°的正三通,选择 A_1、C_1、D_1 中的支管图形展开支管显然要方便、简捷得多。这就是我们合理选择投影方向的理由。至于怎么选,这不仅是一个理论问题,更重要的是一个实践问题,要多动手,才会熟能生巧。

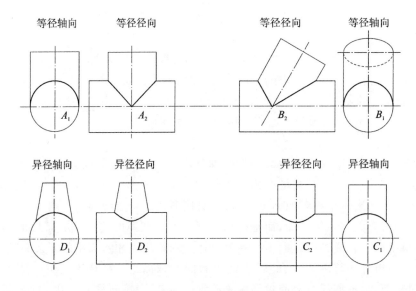

图 2 - 35　合理选择投影方向

5. 三通的展开

（1）三通及其主要参数

三通是管路引出一个分支管时的连接件。如果在一个连接件上同时引出两个支管,则它就是四通了。这里我们只介绍三通,因为只要会制作三通,用同样的方法再制作一个支管就成为四通。支管与主管口径相同的三通叫做等径三通,支管与主管口径不同的三通则叫异径三通;支管中心线与主管中心线相交,交角为 90°的三通叫正三通,交角非 90°的三通叫斜三通;中心线不相交的三通叫偏三通;支管与主管截面形状都不同的三通叫异形三通。列出这些三通的目的不仅是提出一个分类名称,而且想告诉大家:从展开和制造的角度看,它们的加工难度一个比一个大。因为课时的限制,本次实训的重点只放在难度不大的圆管三通的制作上。

圆管三通的主要参数有:三通的角度,主管、支管的直径,支管对主管的偏心距,其他相关尺寸。圆管三通的展开与圆管弯头一样采用平行线法。对数理基础较好的学生来说,展开的难度不在于展开方法的掌握上,而在于精确作图的操作技能上。从下面的例题开始,我们应该把关注的重心转移到几何画图的技能训练上来,不但要知道怎么画展开图,还要画得熟练、精确和迅速。

（2）等径斜三通的展开

图 2 - 36 为 45°等径斜三通的展开画法。下面具体分析其展开过程。

1）已知条件

已知条件如图 2 - 36(a)所示。主管外径为 $\phi88.5$,支管外径为 $\phi88.5$,中心线夹角为 45°,样板厚度为 0.5 mm,主、支管管端到开口的最短距离均为 50 mm。

2）展开要求

① 求作支管的外包样板和主管的开孔样板。

② 方法要正确(按照指定的平行线法展开)。

③ 作图要精确(作图误差<0.5 mm,展开长度允差为±1 mm,展开曲线连接圆滑,线宽允差为±0.5 mm。

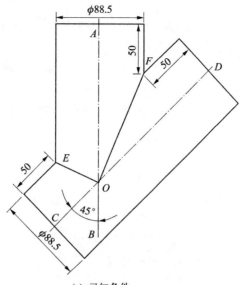

(a) 已知条件

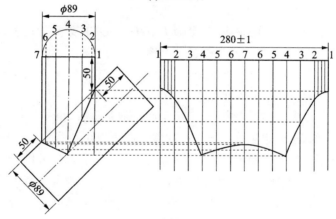

(b) 支管展开图

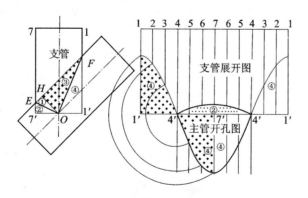

(c) 主管开孔展开图

图 2 - 36　45°等径斜三通的展开画法

3）展开分析

① 本题两个等径管相贯，中心线相交。正因为等径，故其相贯线不能偏向任何一方，所以在立面图中相贯线只能是中心线交角的平分线。

② 从图 2-36(a)中∠AOB 和∠AOD 看支管，其实就是两个不同角度弯头里边的一半，因此支管的展开方法同弯头的展开方法是一样的。

③ 展开曲线应该是相位相差 180°的两个半波正弦曲线相连而成。

4）求实长（见图 2-36(b)）

① 按外包样板卷筒的中径画支管立面图。

② 配画支管半个截面圆并 6 等分该半圆。

③ 求支管各等分点处素线的实长。

5）画支管展开图（见图 2-36(b)）

① 按展开长度（89π）和等份数（12）作平行线组。

② 按相应实长在对应平行线上取展开点。

③ 圆滑连接各点并完成展开图。

6）画主管开孔展开图（见图 2-36(c)）

① 连接 EF，过点 O 作 EF 的垂线，垂足为 H，OH 将 OEF 划分为块①、块③两部分，这就意味着主管开孔的展开图是由块①和块③的展开图组成的。

② 在过点 O 的主管轴线的垂线上截取 7′、1′两点，两点与点 O 的距离等于支管半径。连接 1、1′与 7、7′，得到一个与支管等高的短管。

由立面图可见，把短管 11′77′去掉块②、块④两块就是支管，由于等径，故块①与块②、块③与块④是完全相等的，这也意味着主管开孔的展开图可以由块②和块④的展开图组成。再看展开图，在块②下面把块④按图示位置拼上，即得到主管开孔的展开图。

上述开孔展开的方法给我们提供了一个利用前一个图中的展开曲线画后一个展开图的途径。需要提醒的是，这种小窍门仅在等径时有效，因为只有这时候块①与块②、块③与块④才存在相等的关系，也才有置换的可能。

在支管展开图上，分别以两个点 4′为中心对称点，将两个图形④分别逆向旋转 180°，即得主管开孔展开图。

本题在展开中还对等分点的布点问题进行了一些简化处理。为了细致地反映曲线急剧变化段 12、21 的形状，可以在这两段间插入 6 个 48 等分点，并将求得的相应实长用于展开。这样，在 12 等分的基础上只增加 6 个点就接近 48 等分的精度。这种简化的插点法在展开中时常应用。

（3）异径斜三通的展开

图 2-37 所示为异径斜三通的展开画法，下面具体分析其展开过程。

1）已知条件

已知条件如图 2-37(a)所示。支管外径为 φ70，主管外径为 φ80，轴线相交且夹角为 45°，中面上的相贯点到管端距离均为 50 mm，两轴线所在的面为对称中面。

2）展开要求

制作斜三通上插管的外包样板和主管的开孔样板。

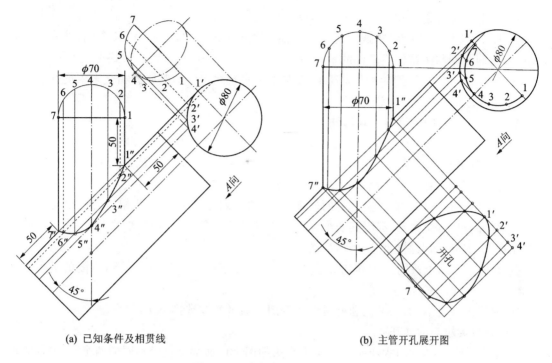

(a) 已知条件及相贯线　　　　　　　　　(b) 主管开孔展开图

图 2-37　异径斜三通的展开画法

3）展开分析

本题的关键是画立面图上两个管的相贯线。要画相贯线,须先求线上的关键点,然后连点成线。我们用前面学过的轨迹法求相贯点,即通过画出主管、支管表面到中面 17 等距离点的轨迹并求其交点的办法实现。支管的展开和主管开孔的展开与等径三通的展开在方法上雷同,过程类似,因而只作概要陈述。

4）求相贯点(见图 2-37(a))

① 以支管轴线方向为垂直方向画三通立面图和 A 向视图(主管轴向图)。作图时支管直径取样板卷筒的中径,主管外径不变。

② 在支管上拼画俯视方向的半个截面并 6 等分之,然后画过各等分点的素线。这些线就是支管上各等分点到中面 17 等距离的点的轨迹。

③ 在 A 向视图上按对应等分点到中面的距离作中面的平行线,该平行线与两个管相贯线的交点即为主管上的等距离点(A 向相贯线就在 A 向视图主管外圆上,图中以粗线显示)。

④ 过等距离点作主管轴线的平行线,即得立面图主管上到中面等距离点的轨迹。该线与支管对应等距离线的交点就是所求的相贯点。同法求得与 7 个等分点对应的 7 个相贯点。

⑤ 圆滑连接上述各相贯点,即得立面图上两个管的相贯线。(单就支管展开而言,本题求得相贯点即可,不必画出相贯线。)

5）画插管展开图

① 根据插管上各等分点的素线与对应主管上等距离线的交点求实长。

② 按展开长度和等份数作平行线组。

③ 按相应实长在平行线上取得展开点。

④ 圆滑连接各展开点并完成展开图。

6) 画主管开孔展开图（见图 2-37(b)）

① 以 1"7"为对称中线，依次以主管正截面上各等距离点之间的弧线长度（直接在弧上测量取值）为间距画与主管轴线平行的平行线组。

② 过各相贯点作主管轴线的垂直线，并与上述平行线组中的对应线相交来求展开点。

③ 圆滑连接各展开点，完成展开图。

6. 斜口大小头的展开与三角形法

（1）三角形法

方圆头的展开通常采用三角形法。三角形法比放射线法、平行线法适用的范围更广，只是作图手续多一些，工作量大一些。用三角形法展开的基本过程如下：

① 针对某曲面的结构，依照一定的规则，将该曲面划分为 N 个彼此相连的三角微面元。

② 对每个三角微面元，都用其 3 个顶点组成的平面三角形予以替代，即用 N 个三角形替代整个曲面，其替代误差随着 N 的增加而减小。

③ 在同一平面上按同样的结构和连接规则组合画出这些三角形，得到曲面的近似展开图形。

④ 根据误差大小、加工工艺和材料性质等因素通过实践选择 N 的大小。

（2）斜口大小头的展开

如图 2-38 所示，斜口大小头与偏头大小头的两个口面都是直径不同的两个圆，但前者两个口面平行，后者不平行。因为斜口大小头的表面没有一个固定顶点的斜锥面，其展开不能沿

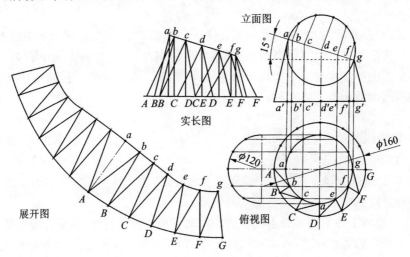

图 2-38 斜口大小头的展开画法

袭前述斜锥展开的老路，故本题宜采用三角形法展开。具体做法如下：

1) 换面逼近

① 将上下口圆分别以对称中面上的 A、G、a、g 为基准点等分为 12 等份，编号如图 2-38 所示。然后连 A、a，自线 Aa 起，一上一下依次连接各等分点，由此得到 24 条直线，即图 2-38 中 aA、Ab、bB、Bc、cC、Cd、dD、…、La、aA，这些就是待求的实长线。

② 分别用每条直线和下口圆心确定的平面分割蒙面，得到 24 个三角曲面元。同时，也得到与之对应的 24 个平面三角形，即图中 $\triangle aAb$、$\triangle AbB$、$\triangle bBc$、$\triangle BcC$、…、$\triangle lLa$、$\triangle LaA$。

2) 求实长

① 以对称中面为 V 面作立面图和俯视图。在立面图上，a、b、c、$\cdots$、g 通过 $R=60$ mm 半圆的 6 等分点向上口线作垂线求得。在上方俯视图上，a、b、c、$\cdots$、g 是半个小圆的 6 等分点，a'、b'、c'、$\cdots$、g' 是其在底面上的投影，因其与 a、b、c、$\cdots$、g 重合，未予标出。这些点的求法请参照图 2-38。

② 图中实长 bB 是以 Bb'、bb' 为直角边的三角形之斜边，实长 Bc 是以 Bc'、cc' 为直角边的三角形之斜边。也就是说，实长可以在知道直角边以后通过画直角三角形来求得；而 bb'、cc' 是各点的高，可以在立面图上由 b、c 向下口线作垂线求出，至于 Bb'、Bc' 可以在俯视图上连接 Bb 和 Bc 点得出。求实长的具体画法请看立面图。

3) 画展开图

① 选定 Gg 为切开线，并以之作为起始线在同一平面内逐个画出 $\triangle GgF$、$\triangle Fgf$、$\triangle FfE$、$\triangle gEe$、$\triangle EeD$、$\cdots$、$\triangle BbA$、$\triangle bAa$，即得由 12 个三角形组成的半个展开图。

② 以 Aa 为中线求出展开图的另一半的展开点。用样条曲线连接相应的展开点得到上下口的展开曲线，再连接相应的端点，完成展开图。

（3）绞龙叶片的展开

绞龙是螺旋运输机的俗称，绞龙叶片表面就是正螺旋面。螺旋面怎么展开？常言道："谋定而后动。"展开前，要先作分析，次定方法，后才动手。我们的展开思路仍然是三角形展开法。

图 2-39 所示为绞龙叶片的展开图。其中 L_1、L_2 为内、外螺旋线的长度，p 为螺旋导程，a 为螺旋叶片的宽度，r 为螺旋内径，x 为展开圆环的内径。它们之间的内在关系是：内（外）螺旋线的长度 $L_1(L_2)$ 等于以螺旋内（外）径周长 $S_1(S_2)$ 和导程（p）为直角边的直角三角形之斜边长度。

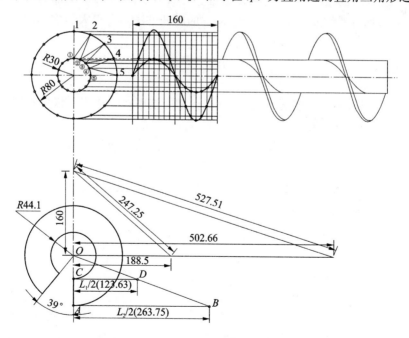

图 2-39 绞龙叶片的展开图

螺旋面展开时，在数学建模方面有两个假定：一是内外螺旋线的长度不变，二是展开线的曲率处处相等。若线的曲率处处相等，则该线必为圆弧（或直线）。由假定二可知，展开图形为圆环的一部分,只是圆环的内外半径待定。

由假定一可推知:

$$\frac{L_2 - L_1}{L_2} = \frac{a}{x + a}$$

式中:

$$L_1 = w\sqrt{4\pi^2 r^2 + p^2}$$

$$L_2 = \sqrt{4\pi^2 (r+a)^2 + p^2}$$

$$S_1 = 2\pi r = 188.5 \text{ mm}$$

$$S_2 = 2\pi(r+a) = 502.66 \text{ mm}$$

$$x = \frac{aL_2}{L_2 - L_1} - a$$

$$L_1 = \sqrt{(188.5 \text{ mm})^2 + (160 \text{ mm})^2} = 246.85 \text{ mm}$$

$$L_2 = \sqrt{(502.66 \text{ mm})^2 + (160 \text{ mm})^2} = 527.51 \text{ mm}$$

$$X = 44.1 \text{ mm}$$

不过,此题用作图法展开比较方便,而且对于复杂的展开,三角形法是首选。但这里直接采用"展开图是圆环且内外螺旋线的长度不变"这一基本要求,首先计算内、外螺旋线的长度,其次通过几何作图求出展开圆环的内径 x 和 $x+a$,然后就一个导程的螺旋面的展开,计算展开圆环的切除角度或者沿弧线的切除长度。当然,实际制作绞龙叶片时,对展开圆环不必按导程切除余料,只要按径向切开就可以上模红煨成形了。这样一个展开圆环可以做成一个多导程的螺旋叶片,充分利用了材料;同时组装后的绞龙叶片其焊接口自然错开,结构强度增加。

请参考图 2-39 体会绞龙叶片的展开思路。类似于绞龙,旋风除尘器的盖板、多级风机的外壳、错口方弯头都有螺旋面展开,因此,掌握它的展开方法具有很大的实用性。

习 题

1. 为什么不直接在钢板上划线而是通过样板来间接画线?常用的样板有哪几种?
2. 试阐述"换面逼近"的思路。
3. 试比较实际展开与"工程制图"课所讲的展开之间的异同。
4. 几何三法指的是哪三法?实践中如何运用它们?
5. 展开中,求实长指的是什么的实长?视图上不反映实长时通过什么途径求实长?
6. 为什么说辅助截面法是画相贯线的基本方法?

实训项目二　薄板加工设备的操作训练

【学习目标】

本项目由教师现场讲解设备的结构、用途、操作要领以及注意事项,并开机演示;学生应在了解设备结构、用途的基础上,熟悉其操作要领和安全操作规程,掌握设备的操作技能。

本项目要求学生能够:

(1)了解剪板机、卷板机、折弯机、砂轮机和砂轮切割机等的结构和用途;

(2)熟练掌握剪板机、卷板机、折弯机、砂轮机和砂轮切割机等的操作要领和安全操作规程;

(3)掌握剪板机、卷板机、折弯机、砂轮机和砂轮切割机等的操作技能。

【学习内容】

(1)剪板机、卷板机、折弯机、砂轮机和砂轮切割机等的结构和用途;

(2)剪板机、卷板机、折弯机、砂轮机和砂轮切割机等的操作要领和安全操作规程;

(3)剪板机、卷板机、折弯机、砂轮机和砂轮切割机等的操作技能。

【学习评价表】

班　级		姓　名		学　号			
评价方式:学生自评							
评价项目	评价标准			评价结果			
				8	6	4	2
明确目标 任务,制订计划	8分:明确学习目标和任务,立即讨论制订切实可行的学习计划 6分:明确学习目标和任务,30 min后开始制订可行的学习计划 4分:明确学习目标和任务,制订的学习计划不太可行 2分:不能明确学习目标和任务,基本不能制订学习计划						
小组学习表现	8分:在小组中担任明确的角色,积极提出建设性意见,倾听小组 其他成员的意见,主动与小组成员合作完成学习任务 6分:在小组中担任明确的角色,提出自己的建议,倾听小组其他 成员的意见,与小组成员合作完成学习任务 4分:在小组中担任的角色不明确,很少提出建议,倾听小组其他 成员的意见,被动地与小组成员合作完成学习任务 2分:在小组中没有担任明确的角色,不提出任何建议,很少倾听 小组其他成员的意见,与小组成员不能很好地合作完成学 习任务			8	6	4	2

续表

评价项目	评价标准				
独立学习与工作	8分:学习与工作过程同学习目标高度统一,以达到专业技术标准的方式独立完成所规定的学习与工作任务	8	6	4	2
	6分:学习与工作过程同学习目标统一,以达到专业技术标准的方式在合作中完成所规定的学习与工作任务				
	4分:学习与工作过程同学习目标基本一致,以基本达到专业技术标准的方式在他人的帮助下完成所规定的学习与工作任务				
	2分:参与了学习与工作过程,不能以达到专业技术标准的方式完成所规定的学习与工作任务				
获取与处理信息	8分:能够开拓新的信息渠道,从日常生活和工作中随时捕捉对完成学习与工作任务有用的信息,并科学地处理信息	8	6	4	2
	6分:能够独立地从多种信息渠道收集对完成学习与工作任务有用的信息,并将信息分类整理后供他人分享				
	4分:能够利用学院的信息源获得对完成学习与工作任务有用的信息				
	2分:能够从教材和教师处获得对完成学习与工作任务有用的信息				
学习与工作方法	8分:能够利用自己与他人的经验解决学习与工作中出现的问题,独立制订完成工件加工任务的方案并实施	8	6	4	2
	6分:能够在他人适当的帮助下解决学习与工作中出现的问题,制订完成工件加工任务的方案并实施				
	4分:能够解决学习与工作中出现的问题,在合作的方式下制订完成工件加工任务的方案并实施				
	2分:基本不能解决学习与工作中出现的问题				
表达与交流	8分:能够代表小组以符合专业技术标准的方式汇报、阐述小组的学习与工作计划和方案,表达流畅,富有感染力	8	6	4	2
	6分:能够代表小组以符合专业技术标准的方式汇报小组的学习与工作计划和方案,表达清晰,逻辑清楚				
	4分:能够代表小组汇报小组的学习与工作计划和方案,表达不够简练,普通话不够标准				
	2分:不能代表小组汇报小组的学习与工作计划和方案,表达语言不清,层次不明				

评价方式:教师评价					
评价项目	评价标准	评价结果			
		12	9	6	3
工艺制订	12分:能够根据待加工工件的图纸,独立、正确地制订工件的加工工艺,并正确填写相应表格				
	9分:能够根据待加工工件的图纸,以合作的方式正确制订工件的加工工艺,并正确填写表格				
	6分:根据待加工工件的图纸制订的工艺不太合理				
	3分:不能制订待加工工件的工艺				

续表

加工过程	8分:无加工碰撞与干涉,能够对加工过程中出现的异常情况立即作出相应的正确处理,并独立排除异常情况 6分:无加工碰撞与干涉,能够对加工过程中出现的异常情况作出相应的正确处理 4分:无加工碰撞与干涉,但不能处理加工过程中的异常情况 2分:加工出现碰撞或者干涉	8	6	4	2
加工结果	8分:能够独立使用正确的测量工具和正确的方法来检测工件的加工质量,且测量结果完全正确,达到图纸要求 6分:能够以合作方式使用正确的测量工具和正确的方法来检测工件的加工质量,且测量结果完全正确,达到图纸要求 4分:能够以合作方式使用正确的测量工具和正确的方法来检测工件的加工质量,但检测结果有1项或2项超差 2分:能够以合作方式使用正确的测量工具和正确的方法来检测工件的加工质量,但检测结果有2项以上超差	8	6	4	2
安全意识	8分:遵守安全生产规程,按规定的劳保用品穿戴整齐、完整 3分:存在违规操作或存在安全生产隐患	8	3		
学习与工作报告	8分:按时、按要求完成学习与工作报告,能够发现自己的缺陷并提出解决的措施,书写工整 6分:按时、按要求完成学习与工作报告,书写工整 4分:推迟完成学习与工作报告,书写工整 2分:推迟完成学习与工作报告,书写不工整	8	6	4	2
日常作业测验口试	8分:无迟到、早退、旷课现象,按时、正确完成作业,回答问题流畅正确 6分:无迟到、早退、旷课现象,按时、基本正确完成作业,回答问题基本正确 4分:无旷课现象,能够完成作业 2分:缺作业且出勤较差	8	6	4	2
综合评价结果					

一、实作部分

　　本项目中学生以小组为单位(5~8人一组),从阅读设备使用说明书入手,共同研究设备的正确使用方法。教师现场讲解设备的结构、用途、操作要领及注意事项,并开机演示;学生应在了解设备结构、用途的基础上,熟悉操作要领和安全操作规程,掌握设备的操作技能。

二、知识链接

(一) 常用薄板加工设备的分类

1. 钣金与铆接制作常用的下料机械设备

钣金与铆接制作常用的下料机械设备包括：剪板机、圆盘剪、带锯机、砂轮切割机、等离子切割机、激光切割机、氧乙炔切割设备、联合冲剪机、钢筋切断机、可倾式压力机、刨边机、专用铣床、碳弧气刨系统、跟踪切割机、电火花线切割机、数控切割机和数控冲床等。

2. 钣金与铆接制作常用的成形机械设备

钣金与铆接制作常用的成形机械设备包括：卷板机、折弯机、折边机、辘骨机、辘筋机、辊筋机、弯管机、可倾式压力机、液压机、油压机、模压成形机、拉弯成形机、旋压成形机、热成形设备和数控折弯机等。

3. 钣金与铆接制作常用的组装机械设备

钣金与铆接制作常用的组装机械设备包括：组装平台、滚轮架、液压升降工作台、组装胎模、工装夹具和定位焊机等。

4. 钣金与铆接制作常用的连接机械设备

钣金与铆接制作常用的连接机械设备包括：电焊机、气焊设备、激光焊接机、氩弧焊机、CO_2 保护焊机、点焊机、铆接机、咬口合缝机和咬口压实机等。

5. 钣金与铆接制作常用的矫正机械设备

钣金与铆接制作常用的矫正机械设备包括：压力机、矫直机、平板机和氧乙炔设备等。

(二) 常用薄板加工类设备的简介

1. 剪板机

图 3-1 所示为 Q11-4×2000 剪板机的实物图。

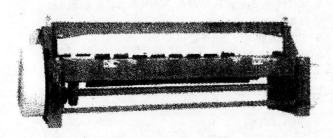

图 3-1 Q11-4×2000 剪板机实物图

其操作要领与注意事项如下：

① 启动前应检查各部位的润滑及紧固情况，刀口不得有缺口；启动后空转 1~2 min，确认正常后方可作业。

② 剪切钢板的厚度不得超过 4 mm，不锈钢板的厚度不得超过 2 mm，最大板宽为 2 000 mm；不得剪切圆钢、方钢、扁钢和其他型材。

③ 要根据被剪材料的厚度及时调整刀片间隙，调整时应停车，宜用手盘动，调整后空车试

验;对制动装置也应根据磨损情况及时调整。

④ 剪板时只允许操作人员在工作台前操作,周围人员应与机器保持适当的距离;严防衣服、绳带等杂物被运转部件卷入;不得靠附在机器上,机后出料边 2 m 内不得站人。

⑤ 调整挡料杆和送料必须在上剪刀停止后进行;严禁将手伸进垂直压力装置内侧;所送的料应放平、放正、对准位置;手指不得接近刀口和压板。

⑥ 剪切前应确保周围无安全隐患,周围人员已安全脱离危险区后才能踩下脚踏操纵杆,操纵杆只能由指定人员一人踩下,其他人员在机器启动后不得乱踩、误踩。

⑦ 操作人员在酒后或服用有嗜睡作用的药物后不得操作本机。

⑧ 完工后要做好机床和岗位的清洁卫生工作。

2. 卷板机

图 3-2 所示为 WR4×2000 三滚卷板机的实物图。

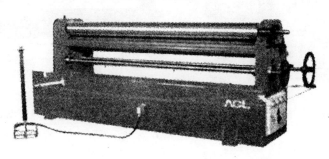

图 3-2　WR4×2000 三滚卷板机实物图

其操作要领及注意事项如下:

① 卷板前应检查各部位的润滑及紧固情况,上辊压下螺杆必须处于上位;然后空车运行以检查各开关按钮是否灵活、准确无误;开车人员必须熟练掌握按钮操作后才能正式进行卷板机操作。

② 卷板厚度不得超过 6 mm,最大板宽为 2 000 mm。

③ 卷板工作通常是多人合作,必须由专人指挥,统一步调。

④ 作业时应高度注意安全,卷进端严防人手、衣角卷入;卷出端要避免碰撞伤人,操作人员一般应站在钢板两侧,不得站在滚动的钢板上;开车前一定要发出预备口令。

⑤ 用样板找圆宜在停机后进行,不得站在滚好的圆筒上找正圆度。

⑥ 卷圆应逐次逼近,上辊不要一次压下过猛,滚到板边时要留有余量,防止塌板。

⑦ 非操作人员不得进入工作区。

⑧ 操作人员在酒后或服用有嗜睡作用的药物后不得操作本机。

⑨ 完工后要做好机床和岗位的清洁卫生工作。

3. 折弯机和折边机

折弯作业前应先启动油压机,检查油压系统压力是否正常;然后升落刀具,检查机械系统运行是否正常。图 3-3 和图 3-4 所示分别为数控折弯机和 WJ1.5×2000 手动折边机的实物图,其操作要领及注意事项如下:

① 应根据折弯的形状、板厚确定折弯方案,并按此调整行程压力和刀具下模。

② 操作人员在操作时应站在板料两侧,防止被板边突然上弹碰伤。

③ 送料定位后,操作人员的手在未脱离冲压危险区时不得按"下压"按钮。

④ 剪板时只允许操作人员在工作台前操作,周围人员应与机器保持适当的距离;严防衣服、绳带等杂物被运转部件卷入;不得靠附在机器上;机后出料边 2 m 内不得站人。

⑤ 多人参与折弯作业时要由专人指挥。

⑥ 完工后要做好机床和岗位的清洁卫生工作。

图 3-3　数控折弯机实物图　　　　图 3-4　WJ1.5×2000 手动折边机实物图

4. 辘骨机

图 3-5 所示为 L-120 辘骨机实物图。其操作注意事项如下(辘筋机与此相同):

① 先对滚轮的外部进行检查,确认无问题后开机检查运转情况。

② 根据板料的厚度调整滚轮的间距,根据咬口方式调整入口挡板的位置。

③ 辘制操作时操作人员不能戴手套,并防止手指、衣物等被滚轮卷入。

④ 为了保证辘制位置准确,应先用边料多进行练习,有把握后再辘正料。

⑤ 辘制操作时要注意方向,以免白费工夫。

⑥ 定位导向对料长有严格的要求,太短则不好掌握。因此辘制操作时应将短料拼接在一起,一次辘制,然后剪开。

图 3-5　L-120 辘骨机实物图

5. 砂轮机和砂轮切割机

图 3-6 和图 3-7 所示分别为落地式砂轮机和 SQ-40-1 型砂轮切割机的实物图。其操作要领及注意事项如下:

① 使用前要检查砂轮、安全罩、搁架、转速、转向以及周边的环境情况等。

② 运转正常后开磨;作业时操作人员要站侧边,用力不要过猛,更不要让工件撞击砂轮。

③ 不要死磨一处,以避免把砂轮磨变形;砂轮一旦有变形,就要及时用砂轮修整器修整。

④ 搁架与砂轮的间距应保持在 3 mm 以内,若间距大了则要调整。

图 3 - 6　落地式砂轮机实物图　　　　图 3 - 7　SQ - 40 - 1 型砂轮切割机实物图

⑤ 不要两个人同磨一个砂轮。

6. 刨边机

刨边机是用来加工钢板边缘的加工机床。大型刨边机长达十几米,由床体、置料台和溜板箱 3 大部分组成。

床体分为上下两部分。上部安装采用液压或者机械压力的工件压紧装置。下部的内侧安装有供溜板箱运动的轨道和丝杠。

置料台安装在床体的外侧,与床体的台面同处在一个水平位置上,用来放置刨削加工的钢板。一般的置料台上安装有进出钢板和对线用的传动装置。

溜板箱位于轨道上,装有两把刨刀,可以往复进行切削工作。

7. 液压机

液压机是一种能够产生强大压力的机床,借助于不同的压模来压制各种曲形零件,还可以进行钢料矫正和冲孔工作。

根据结构形式液压机可分成两类。

(1) 框架式液压机

这类液压机的床体是一个封闭式的框架,钢料只能从两旁送到柱塞下进行压制。它的特点是压力均匀,适合压制较精密的零件。

(2) 悬臂式液压机

悬臂式液压机的床体有两种:一种是铸钢件,另一种是钢板焊接件。这种液压机的结构特点是工件可以从 3 面接近压头,因此,非常适用于安装多用胎模来加工复杂线形的弯板。

8. 液压机的胎模

要在液压机上弯曲出一定形状的零件,没有胎模是办不到的。液压机所用的胎模种类很多,根据用途分为两类。

(1) 专用胎模

用这类胎模只能压制特定形状的零件,适用于成批生产。专用胎模有铸钢胎模、钢板焊接胎模和钢筋水泥胎模。用铸钢胎模加工出的零件质量较好,但造价很高。因此,专用胎模绝大部分是采用钢板焊接的。

在制造专用胎模时,应满足下列要求:

① 压制成形的零件形状和尺寸要达到图纸的要求。

② 能顺利、准确地将钢料放在胎模上;在弯曲过程中不会损坏钢料,弯曲后的零件容易脱模。

③ 设计冷弯胎模要考虑钢料复原的弹性变形;设计热弯胎模要考虑钢料冷却后温差的收缩量。

(2) 多用胎模

多用胎模一般都是几何形状简单的模具。简单的曲形零件可选用其中一种胎模压制出来;复杂的曲形零件则可以用几种胎模交替压制,最终加工出所需要的零件。多用胎模一般采用铸钢制造。

常用的多用胎模有角胎模、圆胎模、球面胎模和封头胎模等。

9. 氧-乙炔焰切割

氧-乙炔焰切割通常称为气割,其设备和工具包括乙炔发生器、回火保险、乙炔钢瓶、氧气钢瓶、减压器、橡胶软管、割炬和切割机等。

氧-乙炔焰切割的特点是,设备简单,效率高,成本低,使用灵活,能实现空间各种位置的切割,特别适用于切割厚度大且形状复杂的碳素钢及低合金钢构件,在化工行业的金属结构制造与修理中,氧-乙炔焰切割得到广泛的应用。尤其对于现场不便移动的大、中型设备的维修,氧-乙炔焰切割更能显示出其优越性。

习　题

1. 为什么说用机器要先看型号?
2. L-120 辘骨机的用途是什么? 它能辘些什么?
3. 折弯机的操作注意事项有哪些?
4. 如何根据板材的厚度调整剪切机的刀口间隙?
5. 操作钣金机械时为什么要特别注意安全?

实训项目三　常用手用电动工具的使用

【学习目标】

本项目由教师现场讲解手用电动工具的结构、用途、操作要领以及注意事项,并开机演示;学生应在了解手用电动工具结构、用途的基础上,熟悉其操作要领和安全操作规程,掌握手用电动工具的操作技能。

本项目要求学生能够:

(1) 了解手电钻、电磨头、电剪刀等的结构和用途;

(2) 熟练掌握手电钻、电磨头、电剪刀等的操作要领和安全操作规程;

(3) 掌握手电钻、电磨头、电剪刀等的操作技能。

【学习内容】

(1) 手电钻、电磨头、电剪刀等的结构和用途;

(2) 手电钻、电磨头、电剪刀等的操作要领和安全操作规程;

(3) 手电钻、电磨头、电剪刀等的操作技能。

【学习评价表】

班　级		姓　名		学　号			
评价方式:学生自评							
评价项目	评价标准			评价结果			
				8	6	4	2
明确目标任务, 制订计划	8分:明确学习目标和任务,立即讨论制订切实可行的学习计划 6分:明确学习目标和任务,30 min后开始制订可行的学习计划 4分:明确学习目标和任务,制订的学习计划不太可行 2分:不能明确学习目标和任务,基本不能制订学习计划						
小组学习表现	8分:在小组中担任明确的角色,积极提出建设性意见,倾听小组 　　其他成员的意见,主动与小组成员合作完成学习任务 6分:在小组中担任明确的角色,提出自己的建议,倾听小组其他 　　成员的意见,与小组成员合作完成学习任务 4分:在小组中担任的角色不明确,很少提出建议,倾听小组其他 　　成员的意见,被动地与小组成员合作完成学习任务 2分:在小组中没有担任明确的角色,不提出任何建议,很少倾听 　　小组其他成员的意见,与小组成员不能很好地合作完成学 　　习任务			8	6	4	2

评价项目	评价标准	8	6	4	2
独立学习 与工作	8分:学习与工作过程同学习目标高度统一,以达到专业技术标准的方式独立完成所规定的学习与工作任务 6分:学习与工作过程同学习目标统一,以达到专业技术标准的方式在合作中完成所规定的学习与工作任务 4分:学习与工作过程同学习目标基本一致,以基本达到专业技术标准的方式在他人的帮助下完成所规定的学习与工作任务 2分:参与了学习与工作过程,不能以达到专业技术标准的方式完成所规定的学习与工作任务				
获取与 处理信息	8分:能够开拓新的信息渠道,从日常生活和工作中随时捕捉对完成学习与工作任务有用的信息,并科学地处理信息 6分:能够独立地从多种信息渠道收集对完成学习与工作任务有用的信息,并将信息分类整理后供他人分享 4分:能够利用学院的信息源获得对完成学习与工作任务有用的信息 2分:能够从教材和教师处获得对完成学习与工作任务有用的信息				
学习与 工作方法	8分:能够利用自己与他人的经验解决学习与工作中出现的问题,独立制订完成工件加工任务的方案并实施 6分:能够在他人适当的帮助下解决学习与工作中出现的问题,制订完成工件加工任务的方案并实施 4分:能够解决学习与工作中出现的问题,在合作的方式下制订完成工件加工任务的方案并实施 2分:基本不能解决学习与工作中出现的问题				
表达与交流	8分:能够代表小组以符合专业技术标准的方式汇报、阐述小组的学习与工作计划和方案,表达流畅,富有感染力 6分:能够代表小组以符合专业技术标准的方式汇报小组的学习与工作计划和方案,表达清晰,逻辑清楚 4分:能够代表小组汇报小组的学习与工作计划和方案,表达不够简练,普通话不够标准 2分:不能代表小组汇报小组的学习与工作计划和方案,表达语言不清,层次不明				

评价方式:教师评价					
评价项目	评价标准	评价结果			
		12	9	6	3
工艺制订	12分:能够根据待加工工件的图纸,独立、正确地制订工件的加工工艺,并正确填写相应表格 9分:能够根据待加工工件的图纸,以合作的方式正确制订工件的加工工艺,并正确填写表格 6分:根据待加工工件的图纸制订的工艺不太合理 3分:不能制订待加工工件的工艺				

续表

		8	6	4	2
加工过程	8分:无加工碰撞与干涉,能够对加工过程中出现的异常情况立即作出相应的正确处理,并独立排除异常情况 6分:无加工碰撞与干涉,能够对加工过程中出现的异常情况作出相应的正确处理 4分:无加工碰撞与干涉,但不能处理加工过程中的异常情况 2分:加工出现碰撞或者干涉				
加工结果	8分:能够独立使用正确的测量工具和正确的方法来检测工件的加工质量,且测量结果完全正确,达到图纸要求 6分:能够以合作方式使用正确的测量工具和正确的方法来检测工件的加工质量,且测量结果完全正确,达到图纸要求 4分:能够以合作方式使用正确的测量工具和正确的方法来检测工件的加工质量,但检测结果有1项或2项超差 2分:能够以合作方式使用正确的测量工具和正确的方法来检测工件的加工质量,但检测结果有2项以上超差	8	6	4	2
安全意识	8分:遵守安全生产规程,按规定的劳保用品穿戴整齐、完整 3分:存在违规操作或存在安全生产隐患	8	3		
学习与工作报告	8分:按时、按要求完成学习与工作报告,能够发现自己的缺陷并提出解决的措施,书写工整 6分:按时、按要求完成学习与工作报告,书写工整 4分:推迟完成学习与工作报告,书写工整 2分:推迟完成学习与工作报告,书写不工整	8	6	4	2
日常作业测验口试	8分:无迟到、早退、旷课现象,按时、正确完成作业,回答问题流畅正确 6分:无迟到、早退、旷课现象,按时、基本正确完成作业,回答问题基本正确 4分:无旷课现象,能够完成作业 2分:缺作业且出勤较差	8	6	4	2
综合评价结果					

一、实作部分

本项目为42学时的钣金实训选用项目,学生以小组为单位(5～8人一组),从阅读使用说明书入手,共同研究常用手用电动工具的正确使用方法,动手试用,掌握它们的操作技能,为下一步的自由制作项目做好准备。

每组学生配备一套电动工具,包括电钻、电剪、电动螺丝刀、曲线锯、冲击钻和角磨机,选用边角余料、废旧材料进行操作练习,掌握该项目的操作技能后,转入综合制作项目训练。本项目实际上是较大的综合项目的准备练习。

二、知识链接

1. 手电钻

手电钻(见图 4-1)是一种手提式电动工具。在修理零件和装配机床时,若受工件形状或加工部位的限制不能用钻床钻孔,则可使用手电钻加工。

图 4-1　手电钻实物图

手电钻的电源电压分单相(220 V、36 V)和三相(380 V)两种。采用单相电压的手电钻规格有 $\phi 6$、$\phi 10$、$\phi 13$、$\phi 19$ 和 $\phi 23$ 五种,采用三相电压的手电钻规格有 $\phi 13$、$\phi 19$、$\phi 23$ 三种,在使用时可根据具体情况进行选择。

使用手电钻时必须注意以下几点:

① 使用前须开机空转 1 min,检查传动部分是否正常。若有异常,应排除故障后再使用。

② 钻头必须锋利,钻孔时不宜用力过猛。当孔即将钻穿时,须相应减轻压力,以防事故发生。

2. 电磨头

电磨头(见图 4-2)属于高速磨削工具,适用于零件的修理、修磨和除锈,在夹具的装配中也可使用电磨头。若用布砂轮代替砂轮,则可用电磨头进行抛光作业。

图 4-2　电磨头实物图

使用电磨头时必须注意以下几点：

① 使用前应开机空转 2～3 min,检查旋转声音是否正常。若有异常,则应排除故障后再使用。

② 新装的砂轮应修整后再使用,否则其产生的离心力会造成严重的振动,从而影响加工精度。

③ 砂轮外径不得超过磨头铭牌上规定的尺寸,工作时砂轮和工件的接触力不宜过大,更不能用砂轮冲击工件,以防砂轮爆裂,造成事故。

3. 电剪刀

电剪刀(见图 4-3)使用灵活,携带方便,能用来剪切各种几何形状的金属板材。用电剪刀剪切后的板材,具有板面平整、变形小、质量好的优点。因此,它也是对各种复杂的大型样板进行落料加工的主要工具之一。

图 4-3　电剪刀实物图

使用电剪刀时必须注意以下几点：

① 开机前应检查整机各部分的螺钉是否紧固,然后开机空转,待运转正常后方可使用。

② 剪切时,应根据材料的厚度对两刀刃的间距进行调整。当剪切厚材料时两刀刃的间距 S 为 0.2～0.3 mm,当剪切薄材料时,两刀刃的间距 S 与材料厚度 H 有关,计算公式为：$S=0.2H$。

当以小半径剪切时,须将两刃口间距 S 调整到 0.3～0.4 mm。

实训项目四　钣金与铆接的基本操作训练

【学习目标】

本项目由教师现场讲解、演示；学生应熟悉钣金与铆接的操作要领和安全操作规程,掌握其操作技能。

本项目要求学生能够:

(1) 熟悉钣金与铆接基本操作中常用的工、夹、量具和器具；

(2) 掌握钣金与铆接的基本操作常识与相关操作知识,掌握其安全操作规程；

(3) 掌握钣金与铆接的基本操作技能和相关操作技能。

【学习内容】

(1) 钣金与铆接基本操作中常用的工、夹、量具和器具；

(2) 钣金与铆接的基本操作常识与相关操作知识,以及安全操作规程；

(3) 钣金与铆接的基本操作技能和相关操作技能。

【学习评价表】

班　级		姓　名		学　号			
评价方式:学生自评							
评价项目	评价标准			评价结果			
				8	6	4	2
明确目标任务,制订计划	8分:明确学习目标和任务,立即讨论制订切实可行的学习计划 6分:明确学习目标和任务,30 min后开始制订可行的学习计划 4分:明确学习目标和任务,制订的学习计划不太可行 2分:不能明确学习目标和任务,基本不能制订学习计划						
小组学习表现	8分:在小组中担任明确的角色,积极提出建设性意见,倾听小组其他成员的意见,主动与小组成员合作完成学习任务 6分:在小组中担任明确的角色,提出自己的建议,倾听小组其他成员的意见,与小组成员合作完成学习任务 4分:在小组中担任的角色不明确,很少提出建议,倾听小组其他成员的意见,被动地与小组成员合作完成学习任务 2分:在小组中没有担任明确的角色,不提出任何建议,很少倾听小组其他成员的意见,与小组成员不能很好地合作完成学习任务			8	6	4	2

评价项目	评价标准	8	6	4	2
独立学习 与工作	8分:学习与工作过程同学习目标高度统一,以达到专业技术标准的方式独立完成所规定的学习与工作任务 6分:学习与工作过程同学习目标统一,以达到专业技术标准的方式在合作中完成所规定的学习与工作任务 4分:学习与工作过程同学习目标基本一致,以基本达到专业技术标准的方式在他人的帮助下完成所规定的学习与工作任务 2分:参与了学习与工作过程,不能以达到专业技术标准的方式完成所规定的学习与工作任务				
获取与 处理信息	8分:能够开拓新的信息渠道,从日常生活和工作中随时捕捉对完成学习与工作任务有用的信息,并科学地处理信息 6分:能够独立地从多种信息渠道收集对完成学习与工作任务有用的信息,并将信息分类整理后供他人分享 4分:能够利用学院的信息源获得对完成学习与工作任务有用的信息 2分:能够从教材和教师处获得对完成学习与工作任务有用的信息	8	6	4	2
学习与 工作方法	8分:能够利用自己与他人的经验解决学习与工作中出现的问题,独立制订完成工件加工任务的方案并实施 6分:能够在他人适当的帮助下解决学习与工作中出现的问题,制订完成工件加工任务的方案并实施 4分:能够解决学习与工作中出现的问题,在合作的方式下制订完成工件加工任务的方案并实施 2分:基本不能解决学习与工作中出现的问题	8	6	4	2
表达与交流	8分:能够代表小组以符合专业技术标准的方式汇报、阐述小组的学习与工作计划和方案,表达流畅,富有感染力 6分:能够代表小组以符合专业技术标准的方式汇报小组的学习与工作计划和方案,表达清晰,逻辑清楚 4分:能够代表小组汇报小组的学习与工作计划和方案,表达不够简练,普通话不够标准 2分:不能代表小组汇报小组的学习与工作计划和方案,表达语言不清,层次不明	8	6	4	2

评价方式:教师评价					
评价项目	评价标准	评价结果			
		12	9	6	3
工艺制订	12分:能够根据待加工工件的图纸,独立、正确地制订工件的加工工艺,并正确填写相应表格 9分:能够根据待加工工件的图纸,以合作的方式正确制订工件的加工工艺,并正确填写表格 6分:根据待加工工件的图纸制订的工艺不太合理 3分:不能制订待加工工件的工艺				

		8	6	4	2
加工过程	8分:无加工碰撞与干涉,能够对加工过程中出现的异常情况立即作出相应的正确处理,并独立排除异常情况 6分:无加工碰撞与干涉,能够对加工过程中出现的异常情况作出相应的正确处理 4分:无加工碰撞与干涉,但不能处理加工过程中的异常情况 2分:加工出现碰撞或者干涉				
加工结果	8分:能够独立使用正确的测量工具和正确的方法来检测工件的加工质量,且测量结果完全正确,达到图纸要求 6分:能够以合作方式使用正确的测量工具和正确的方法来检测工件的加工质量,且测量结果完全正确,达到图纸要求 4分:能够以合作方式使用正确的测量工具和正确的方法来检测工件的加工质量,但检测结果有1项或2项超差 2分:能够以合作方式使用正确的测量工具和正确的方法来检测工件的加工质量,但检测结果有2项以上超差	8	6	4	2
安全意识	8分:遵守安全生产规程,按规定的劳保用品穿戴整齐、完整 3分:存在违规操作或存在安全生产隐患	8	3		
学习与 工作报告	8分:按时、按要求完成学习与工作报告,能够发现自己的缺陷并提出解决的措施,书写工整 6分:按时、按要求完成学习与工作报告,书写工整 4分:推迟完成学习与工作报告,书写工整 2分:推迟完成学习与工作报告,书写不工整	8	6	4	2
日常作业 测验口试	8分:无迟到、早退、旷课现象,按时、正确完成作业,回答问题流畅正确 6分:无迟到、早退、旷课现象,按时、基本正确完成作业,回答问题基本正确 4分:无旷课现象,能够完成作业 2分:缺作业且出勤较差	8	6	4	2
综合评价结果					

一、实作部分

对于钣金与铆接中基本操作技能的训练,即使是薄板制作中常用技能的训练,本项目也不可能安排得面面俱到,故本项目的实训中只能安排钣金与铆接基本操作技能训练中的一些重点,以冀引导思路,粗窥全貌。

本项目的练习内容如下:

① 规格为 $\phi 6 \times 700$ 圆钢调直;

② 规格为 $\angle 30 \times 30$ 角钢调直;

③ 规格为 -30×1 扁钢调直、收边、放边;

④ 规格为 300×100×0.8 钢板手剪下料与平板；

⑤ 规格为 φ150×0.6 镀锌管咬口、调圆、扳边、配底。

二、知识链接

(一) 常用工具、夹具、量具和器具

1. 常用工具和夹具

常用工具和夹具如下：

① 大锤、踩锤、圆头锤、异形锤、錾口锤、开锤、平锤、木锤、拍尺、鸭脚板、手垫铁、槽钢、钢轨、厚壁管；

② 扁錾、带柄錾、带柄克子、锉刀、锯弓、钻头、丝锥、剪刀、铁皮剪、轧剪(座剪)、角磨机、曲线锯、电剪、手电钻、电动螺丝刀；

③ 起子、扳手、橇棍、钢丝钳、大力钳、手虎钳、卡马、拉马、反顺丝杆、自制夹叉、常用吊具；

④ 铜烙铁、钉罩、冲子、拉铆钳、电动拉铆枪。

2. 常用划线工具和量具

常用划线工具和量具如下：

① 卷尺(3~5 m)、钢尺(1 m、600 mm、300 mm 和 150 mm)、万能角度尺；

② 150 mm 宽座角尺、大三角板、曲线板、划规、分规、地规、划针、划针盘、中心冲、石笔、粉线、墨斗；

③ 划线平板、测量平板、展开平台。

3. 常用器具

常用器具有钣金工作台、矫正平板和制作组装平板。

(二) 手工技能

1. 剪 切

剪切的工具有铁皮剪、座剪(闸剪)等。用剪刀可以剪直线，也可以剪曲线，而且使用方便，但它只适宜剪厚度小于 1 mm 的薄板。

2. 錾 切

錾切是用锤子击打錾子来錾开钢砧上的板料，虽然能錾开，但用力大，錾口不整齐、质量差。将板料夹在虎钳钳口中錾切虽然类似剪切，但切口质量不太好，每次的切口长度也有限。

3. 克 切

克切其实是一种短刃强力剪切。克子与錾子看起来相似，但克子只磨出一个斜面(即前刀面，克切时刀刃的前角是固定的)，錾子要磨出两个斜面(两面都可以用做前刀面，錾切时刀刃的前角随手的握持角度的变化而变化)。克切时，下克子的刃口在钢板下面与待切线对齐，带长柄的上克子像剪刀一样刀口错开，但克子的动力来自挥动的大锤。大锤锤下来，钢板应声而开，断口整齐，而且速度很快，但其劳动强度太大，安全系数小。随着新的先进切割手段的不断涌现，克切已逐渐被淘汰。

4. 冲 裁

所谓冲裁，就是利用冲裁模来分离金属，常用于切边、切断、冲孔、落料。

5．锯　割

手工锯割依靠装在锯弓上的锯条来回锯削材料以达到切断材料的目的。手工锯割由于存在切削的过程,所以能及时排屑,切割效果比较好。现在普遍使用的电动曲线锯灵巧好用,方便省力,速度快,效率高,但噪声较大。

6．砂轮切割

砂轮切割机、角磨机通过高速旋转的砂轮磨开材料。高速旋转的砂轮会产生大量的热,导致熔化的颗粒飞离出去,空位一出现,材料自然就断开了。砂轮切割成本低廉,容易操作,特别适用于型材下料、板料切槽开孔,非常方便快捷,其应用随处可见。

7．气　割

气割又称氧割,它利用氧乙炔焰把钢板加热,当钢板被加热到它在纯氧中的燃点以上时,打开高压氧,钢板就会在纯氧中自燃并放出大量的热,维持自燃,同时受热熔化的氧化渣液被高压氧气流带离出去从而形成割缝。现在氧气、乙炔大都使用瓶装气源,氧气瓶、乙炔瓶中的高压氧气和高压乙炔分别通过各自的减压表减至可使用的压力,再经过防止回火安全器及各自的胶管连接到手用割炬上供人使用。气割的速度很快,但它的局限性较大,像不锈钢、铜板、铝板、铸铁等很多材料它都割不了。

8．等离子切割

等离子切割与气割不同,它用等离子弧的高温来熔化板材,再用高压气流把金属液滴吹走。这种切割工艺应用范围广,气割切割不了的材料它都能对付,不论是金属还是非金属它都能切割,而且速度快,割缝质量好。等离子切割在过去有成本高的缺点,但现在成本已不是问题,其综合成本已大大下降,应用越来越广。

(三) 成形操作

1．成形分析

要想掌握成形的机理,就必须了解变形,因为我们需要知道,在什么样的特定条件下,使用什么样的外力,才能得到我们需要的变形。

(1) 基本变形

通过对钣金冷作加工中变形的分析可以发现,这些变形其实都是由一些基本变形组成的。换言之,实际的变形是一种基本变形或多种基本变形的组合。这些基本变形归纳起来,大致可分为单向拉伸(压缩)、平面弯曲、错位、同轴扭转、立体拱曲、锻延(镦粗)6 种,见表 5-1。

表 5-1　基本变形的种类

变形种类	形成原因	变形情况	工艺处理
单向拉伸(压缩)	工件轴向受拉(压)	轴向伸长(压缩)	固定一端,拉伸另一端(垫平一端,压缩另一端)
平面弯曲	工件承受逆向弯矩的作用	在外力作用的平面内弯向外力指向的一边	(1)固定一端,压下另一端; (2)支起两头,压下中间; (3)固定一段,加以力偶
错位	工件承受剪力的作用	在外力作用平面内移位	固定一段,隔适当距离平行压下相邻的另一段

变形种类	形成原因	变形情况	工艺处理
同轴扭转	工件的不同平面上承受大小相等、方向相反的两个力偶的作用	变形发生在两个平行平面之间	固定一端,设置力偶转动另一端
立体拱曲	外力同时作用在工件的两个以上作用面上	变形发生在立体拱曲面的各处	外周全部支撑,压打中央
锻延(镦粗)	工件逆向受压	沿受力方向锻薄(镦短),沿垂直方向延伸(镦粗)	锻压或锻打,把坯定向赶长(轴向镦粗)

说明:力的作用线与每一个支点都可以组成一个作用面。当两个支点的作用面共面时,称这两个支点分布在一个作用面上。

(2) 打与垫

"打"指用锤打击,"垫"指用垫铁抵垫。锤击就是一种撞击,锤子的动量转化为冲量,作用的时间越短,打击力就越大。在这个大力的作用下,工件将产生振动和变形。用垫铁抵垫则为锤击提供了支撑的点、线、面,其反作用力与击打力组成成形的外力或力偶。

抵垫的位置要准,因为它将决定变形的类型和位置;垫铁的质量宜大,若质量太小则自身容易打飞;垫铁的刚度要大,不能材料没成形,垫铁先变形了;垫铁的形状和大小要根据需要选择,有手持的,有固定的,有长的,有短的,有圆的,有方的,有现成的,有自己设计的,等等。例如,用平板加工圆锥面时,应垫两边素线,压打中间素线,应选用长度超过锥面素线的两根圆钢做垫铁,将垫铁按素线夹角摆放,距离适当。又如薄板折边时,可以用槽钢、角钢等有清角的型钢做垫铁。

钣金冷作工在成形和矫正时总是同时使用两个锤,一锤打,一锤垫。移来打去,时快时慢,有轻有重,时而只打不垫,时而相对垫打,时而垫中打边,时而垫边打中,看起来不假思索,实际是随机应变,灵活运用。

2. 常见的成形操作

(1) 对板材边部加工时的操作——折边、扳边、卷边、放边和收边

折边和扳边都是在板的边部相对于板面弯出一个立边来。弯曲线为直线时称"折边";弯曲线为曲线时称"扳边";扳边的弯曲线一旦封闭,则又称"拔缘"。

折边时板材只沿折线弯曲而线度不改变,只存在弯曲变形,故操作起来相对容易些。扳边有外扳和内扳之分。外扳在扳立起来以后整个线度缩短,内扳在扳立起来以后整个线度拉长。不管外扳或内扳,所扳之处,钢板的压缩变形或拉伸变形都很大,操作难度自然大,而且所扳的边的弯曲半径 R 越小越难扳。卷边有实心和空心之分。实心卷边在里面包一根铁丝,卷成圆形边;空心卷边不包铁丝,有卷成圆形的,也有折成棱形的。不管空心或实心,卷边的目的都是一个:加强边的刚度。

放边和收边则是板面内的弯曲操作。放边是在砧上锤打板边,使之沿厚度方向变薄,沿边线方向延伸;收边是先将板边沿边线方向弯成波浪状(俗称做波),然后打平凸部,使之缩短。以一根直扁铁为例,原来还是直的,两边长度一样。如果对它的一边进行放边操作,则放边的这一边伸长,扁铁不再是直的,弯向没有放边的、线度不曾伸长的那一边;如果对它的一边进行收边操作,则扁铁也不再是直的,弯向收边的、线度缩短的那一边。这种在扁铁自身平面内,沿宽度方向发生的弯曲通常称之为纵弯;而把扁铁立起来,沿厚度方向发生的弯曲叫旁弯。总

之,放边、收边只是调节扁铁两边长度的手段。弯曲扁铁纵弯时,收内弯边或放外弯边;矫直扁铁纵弯时,则放短边或收长边。

尽管放边、收边和扳边都存在长度变化,但放边和收边是在同一平面内弯曲,扳边则弯离原来的板面。

(2)对板材、型材的弯曲操作——折弯、打弯、踩弯、压弯、卷弯和弯管

折弯、打弯、踩弯和压弯都是弯曲操作,只不过弯曲的方式和使用的工具不同而已。如果沿弯曲线夹住一头,弯下另一头,则为打弯、压弯;如果顶住两边,中间加力弯曲,则为折弯、踩弯、压弯;如果把这种静态的弯曲方式变成动态的,即把力点和支点都换成3根辊子带动板料滚动,而辊间压力保持不变,那么就成了卷弯。手工弯曲的外力来源有锤击,也有手动增力装置,如螺旋压力装置和手动液压装置等。

管道布置中常常需要转弯,转弯即需要弯管,弯管操作十分重要。为了方便制作,通常规定弯管时其轴线必须保持在同一平面内,即把管子在同一平面内按指定的弯曲半径弯一个指定的角度。如此完成一次,叫弯曲一次。在同一平面内按需要可以多次弯曲。一般涉及管道空间走向方面的弯管问题都要分解为平面弯曲的组合,再逐次分段进行操作。直径较小的管,如DN25以下的水煤气管,可以用弯管器冷弯;直径较大的管,则要充沙红弯。弯管是一项技能性较强的操作,一不小心就会弯扁而报废。要保证弯曲质量,就应该使用专用模具。

(3)打拱、模压和红煨

打拱又叫拱曲,是将板料打凹,加工凹凸曲面的一种成形操作,如球面、椭圆封头和蝶形封头等的制作。球面成形是多向弯曲,板材应周边承力,板材变形以拉伸为主,因此必须在凹模上打拱。打拱时要力度一致,锤击均匀,要特别注意维持周围板边在一个平面内,不要失去稳定,打成乌龟背。为了增加板面的稳定性,加工时宜先在正中打出一个凸顶,像草帽一样,一则定心,二稳板面;其次,加工时要注意用样板检查,保持周向打落一致。完全成形一定要分多次进行,不要一次打得太猛,搞得球面没打成,倒打成一个蛋壳。现在的球面、封头大都采用模压成形,手工打拱在工业生产中已很少使用,但在金属艺术造型,如铁艺、锻铜等加工中仍颇有市场。

(4)分管制作时的主要操作——咬口成形、咬合、压筋和辊槽

咬口成形和咬合用于咬口连接,拟在后面的"(五)连接操作"部分再具体介绍。压筋和辊槽用于风管加强,二者都是在板面上加工凹槽,前者采用简易模具冲压,后者采用专用机械辊制。它们的操作情况在辘骨机、辘筋机的操作中均有体现。

(四)组装操作

组装操作也称装配,包括同一零件的合缝装配、相接零件的组合装配和整台设备或结构的总装配。

1.基准的设定

装配基准是工艺基准,是根据工艺路线来选择的,它可以是平面、直线、曲线,也可以是特征点。装配时,一般在工件之外另设装配基准面,如装配平台、工装夹具定位面等;或者直接在相连工件上划线,以各自本身的点、线、面为准组装。这种不明确制定基准方的情况常称之为"互为基准"。由于钣金件大多是壳体,单纯选择一个基准面还不够,往往要选择某个平面作为基准平面。基准面都是在工件上选取,但这个选定的基准面往往不好操作,实际中都是找一个现成的大平面,让工件上选定的基准面与之重合,于是现成的大平面也就成了基准面。组装平台的台面就是这种专用大平面。在装配平台上进行组装时,应以装配平台为基准,将工件基准面置于与装配平台的平面重合或平行的位置。钣金件往往很大,工件大,平台小,怎么办?这

时可以选择水平面和铅垂面为基准,将工件上的选定基准面调整到水平或铅垂位置,临时搭建一个分散布点(面)的组合平台来进行装配,各处的标高用水平仪或经纬仪校准。

2. 定位的方式

工件在空间的 6 个自由度,即沿 3 个坐标轴的移动和绕 3 个坐标轴的转动,可以用 6 个合适的点完全限制它,这就是 6 点定位原理。实际上都是选择关于点、线、面的定位件来定位。钣金装配定位一般选取平面曲线,在装配平台上划线,沿线以挡铁定位,再在平台上方设置其他定位件,以完成工件的空间定位;或者进一步增加高度方向的定位件,与夹紧装置做成夹具来定位;必要时干脆选择一块平板做基面,单独制作一个专门的胎模来定位。

钣金冷作件装配时常用的另一种定位方法是互为基准的划线定位,即在对接的工件上直接划出装配位置线,照线组装。划线只能提供一个点位或一条线位,不足以空间上完全定位,此时需要用直尺、角尺、样板等来增加另一向的定位。

我们装配时往往说的是 3 点定位而不是 6 点定位,为什么?因为 6 点定位中的点定位,定的是一个方向,其他 2 个轴向在点上是可以滑动的,是理论上的定位。实际中的定位点,例如焊点,是不能滑动的。这种定位点实际限制了 3 个轴向的移动。如果增加一个定位点,也就是2 点定位,将限制 5 个自由度,只剩下绕这 2 个点的连线转动的一个自由度。显然,再增加第 3点,2 个工件之间就再也不能动了,也即完全定位了。

既然 3 个焊点就已定位,是不是对每一个接口只固定 3 个点呢?事实并非如此,实际中未必只固定 3 个点,3 点定位的完整概念应该是:完全定位至少要固定不在同一条直线上的 3 个点。更重要的是,装配不单是一个定位的问题,要考虑的因素很多。实际装配中除了对位要准确,还要考虑强度和刚度,即一不断裂,二不变形。下面以点焊定位为例,简单介绍一些具体的做法。

焊点的多少要根据装配接口的大小而定。若接口大,焊点多,则固定点数宜选 4 的倍数。焊点的位置要划线确定,均匀布置;一般采用十字对称布置,以避免同向累计误差过大,造成收尾部分鼓包。这种做法也叫匀点定位。3 点定位的匀点定位是实践中的叫法,"3 点定位"说的是焊点的数量,"匀点定位"说的是焊点的位置。至于焊点的大小,则根据相连零部件的大小、质量和结构来确定,以保证足够的连接强度和防止变形的足够刚度为原则。

3. 对位的手段

所谓对位,指的是一种装配操作,就是把两个装配件的结合部分按其对应点的位置对在一起并设法固定它。简单地说,对位就是把位置对好。对位的手段和途径很多,诀窍也很多,孰优孰劣,就看用得好不好。

从装配实践中,人们总结出了"拉、夹、顶、尖、撬、别、转" 7 类对位方法,见表 5-2。

表 5-2　钣金冷作件装配的对位操作方法

类　型	特　征	常用工具
拉	使用拉力工具,拉吊到位	螺杆、反顺丝杆、手动葫芦、吊车
夹	使用夹紧工具,夹紧到位	铁钳、大力钳、手虎钳、卡马
顶	使用顶压工具,顶压到位	螺杆、反顺丝杆、千斤顶、油压机
尖	打入斜楔锥尖,促使移动到位	斜铁、锥杆、角铁斜尖、錾子
撬	使用撬棍,撬起赶动到位	撬棍、大螺丝刀、铁杆
别	运用杠杆,相对移转到位	扳手、撬棍、长柄夹叉
转	设置力偶,转动到位	撬棍、反顺丝杆、千斤顶

4. 紧固的措施

常用的紧固措施有拉拢、夹紧、捆绑、点焊、加强和支撑,主要通过专用工具和工艺装置来实现,这些是所谓的常规做法。但有些产品在大小、结构、技术等方面有特殊要求,往往需要采取一些特殊措施,甚至需要制订一个专门的方案。这会涉及材料、力学、机械等多方面的知识,这时你会发现专业理论基础在实际工作中是很有用的。

(五) 连接操作

1. 咬口连接

咬口连接是薄板特别是镀锌板的主要连接方式。它通过相接板边的弯折、扣合、打紧而成。

常见的薄板咬口连接形式如图 5—1 所示,其中,(a)、(b)、(c)是用于平面相连的平咬口、双平咬口和立咬口;(d)、(e)是用于端节之间或组合连接的 C 形插条连接和 S 形插条连接;(f)、(g)、(h)是用于两面成角度相接的联合角咬口、吞底角咬口和角咬口。

咬口连接是实训的重点之一,要求学生:

① 熟悉常用咬口的连接形式和应用;

② 根据咬口连接形式、咬口连接工艺,计算放边余量;

③ 掌握对接平咬口和联合角咬口的成形与咬合操作;

④ 了解其他常用咬口的手工成形与咬合操作。

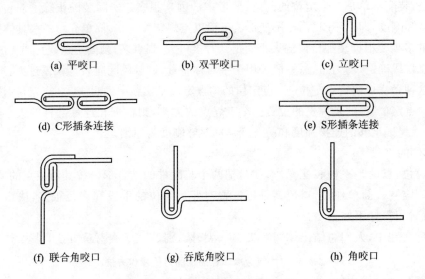

| (a) 平咬口 | (b) 双平咬口 | (c) 立咬口 |

(d) C形插条连接   (e) S形插条连接

(f) 联合角咬口   (g) 吞底角咬口   (h) 角咬口

图 5—1 薄板咬口连接的常见形式

对接平咬口的成形与咬合全过程如图 5—2 所示。

下面对图 5—2 中所示的过程逐一说明。

① 板上的折弯线对准垫铁边线,右端伸出 6～7 mm,见图 5—2(a)。

② 先打弯咬缝的两头用以定位,用木锤或木拍尺打板边,折弯 90°,见图 5—2(b)。(注意:打边不打角;落锤要平,不要出锤印;锤击动作要果断,平稳准确,力度要控制好。)

③ 翻边,使立边向上,然后将立边向左再扳 15°左右,修齐角线、边线,见图 5—2(c)。

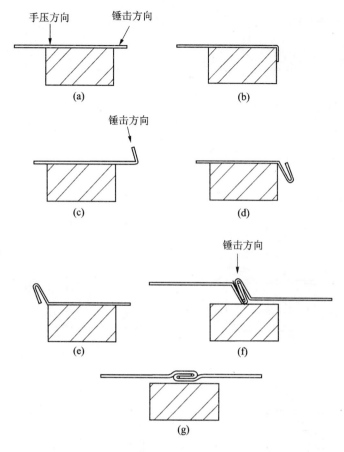

图5-2　对接平咬口的形成与咬合全过程

④ 如图5-2(c)所示,将弯成斜角的板向右移出8~9 mm,顺立边方向打下立边,边打边修立边的角度,保持全长均衡弯折,保证间隙均匀,保证角边、立边的直线度。成形后的截面形状见图5-2(d)。

⑤ 同法成形另一端的咬口,但要注意两端咬口的方向必须相反,见图5-2(e)。

⑥ 将板料大致弯折成形,使两板端的咬口互相插扣,见图5-2(f)。

⑦ 将工件置于钢轨、槽钢等垫铁上,并按图5-2(f)所示方向打平咬口。打的时候,要根据咬缝长度以"两头为准,中间插点"的方式适当布置定位点,然后在定位点各打平一小段,最后才整个打平。注意:咬口不能打得太死,若打得太死则咬口无弹性,反而容易脱落。打成以后的样式见图5-2(g)。

联合角咬口的成形与咬合全过程如图5-3所示,具体情况请读者自行分析。

2. 螺纹连接

螺纹连接广泛应用于可拆卸连接,它又分为螺钉连接、螺栓连接和双头螺栓连接。螺钉连接不需要用螺母,直接将螺钉拧入工件丝孔内即可,其中自攻螺钉连接丝都不需要攻;螺栓连接必须用螺母;双头螺栓连接则是前二者的复合,一头如螺钉,另一头似螺栓。作为连接用的螺纹,一是必须能自锁,因此螺纹的截面选择三角形;二是必须能防松,振动时不能松脱,因此通常采取弹簧垫圈、止动垫圈、双螺母、开口销等防松措施。

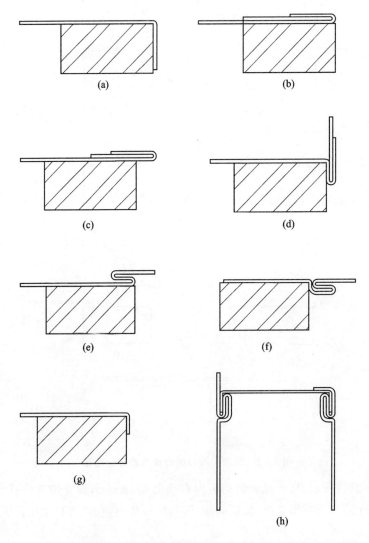

图 5-3 联合角咬口的成形与咬合全过程

3. 铆 接

    同螺栓连接一样,铆接就是将被连接的板材搭接在一起,钻孔并插入铆钉,然后把钉杆铆成钉头,形成固定接头。不同的应用场合对铆接接头有不同的要求:钢结构、桥梁上用的连接是强固铆接,对强度的要求是主要的;水箱、无压容器上用的连接是紧密铆接,要求紧密不漏;锅炉、压力容器上用的连接是密固铆接,既要求强度高,又要求严密性好;还有一种用在剪刀、钳子轴上的活动铆接,要求铆而不死,尽管有些压力,却还能够动来动去。不过,这里所说的铆接是指铆合后依靠钉杆的拉力使相贴的接面之间产生压力而形成的固定连接,从这个意义上说,这里的铆接不包括活动铆接。

    铆接还有冷铆、热铆和混合铆之分。冷铆不需要加热铆钉,罩紧板层后,直接用榔头的圆头打坯镦头,再用罩模罩顶,成形钉头。薄板铆接用的铆钉通常不大,采用冷铆即可。热铆、混合铆都需要加热,只不过热铆需要加热整个铆钉,混合铆只需要加热杆头即可。

    一般来说,铆钉钉杆的大小与相接钢板的板厚线性相关,随板厚的增加而增大。薄板铆接的相关参数如下：

铆钉直径 $d = 2\delta$，且不小于 3 mm（δ 为板厚）；

铆钉长度 $L = 2\delta + (1.5 \sim 2)d$；

铆钉间距 $A = 40 \sim 100$ mm；

钉边距离 $B = (3 \sim 4)d$；

钉孔直径 $\phi = d + (0.1 \sim 0.2)$ mm。

最后介绍一下拉铆。拉铆是用一种特殊的带拉杆的空心铆钉来铆接的连接方法，它靠拉断拉杆成形一个铆合的铆钉。铆前按连接处的钉位钻孔，从前面的孔插入拉铆钉，在用拉铆钉拉断拉杆的过程中，拉杆里端的锥头向四周挤开空心钉杆，在里面成形一个铆钉头。拉铆的特点是，在前面操作时，后面不需要顶压锤击，钉头自然成形。拉铆的操作与注意事项待项目实训时再分解。

4. 法兰连接

法兰连接就是依靠螺栓的压力压紧两端法兰密封面之间的垫片而达到连接和密封的目的。它连接可靠，拆装方便。

分管管路中最为常见的法兰种类：从形状来看，有圆法兰和方法兰；从截面来看，有平法兰和角铁法兰。这些法兰大多是非标准件，市场上一般无货供应，需要自制。因此，法兰连接的操作人员不但要会装法兰，而且要会制作法兰。法兰连接的操作人员应当：

① 掌握圆法兰与方法兰的制作方法；

② 掌握法兰与管道的装配方法；

③ 熟悉紧法兰的注意事项。

5. 焊　接

焊接包括电焊、气焊、氩弧焊、锡焊和电焊。关于焊接，读者应当已经过专项实训，这里不再赘述。

（六）矫正技能

1. 矫正的概念

所谓矫正，就是采用有效的工艺手段，纠正原材料、零部件甚至整体结构等在生产准备和制造过程中出现的超出允许范围的变形。对于这些超限变形，我们通常这样描述：一是形状不规矩，即不直、不圆、不平、扭曲、不协调；二是位置不符合，即不对正、不对称、不同心、不垂直、不平行；三是尺寸不准确，即存在长度超差、角度超差。

超限变形是多种多样的，其成因也是错综复杂的。矫正之前，需要了解造成变形的工艺因素，分析变形部位的应力和应变状况，确定变形的趋向和程度，分析变形的类型、形成的原因、发生的部位和变形的大小，选定矫正的方法，估算矫正的力度，做好矫正的准备，然后才能展开矫正作业。

2. 矫正的方法

矫正的基本原则：对症下药，逐步逼近，矫枉过正。

矫正如治病，先诊后治。先弄清形成变形的外力的性质和作用部位，对症下药，反其道而行之。比如对于扭转变形，必须用一个反向的力偶将其扭转回来，其他方法是无效的。由于弹性的存在，矫正还需要适度过头一些，预留点反弹的余地。常用的矫正方法有以下 3 种：

（1）手工矫正

手工矫正主要采用人工锤击、吊锤冲击的方式，或使用增力机具（如杠杆、反顺丝杆、千斤顶、油压缸、气压缸等）加压来实现。

（2）机械矫正

机械矫正主要通过可倾式压力机、油压机、多辊矫直机、多辊平板机等机械来完成。

（3）火焰矫正

火焰矫正要求大而集中的热源，只有温度梯度大效果才好。一般使用氧乙炔焰加热，必要时还可以采用多个焊把同时加热。根据实际情况确定加热的区域，可以采用点状加热、线状加热和三角形块状加热。一般采用在空气中自然冷却的方式进行冷却，如果材料允许，可以浇水冷却，所谓"水火弯板"就是这种方式。如果一次加热并冷却后效果不好，可以在中间再加热几处。如果效果还不好，就要认真分析、查找原因了。若定性没错，就往量上考虑。如果增加加热点的数量后效果仍不理想，就要考虑支点的位置和工件的刚度，采取以合理措施加外力的火焰矫正了。对有些钢结构，必要时还可以采用在强力作用下的局部红煨式拉伸或压缩。

3. 矫正的过程

矫正的一般过程如图 5-4 所示。

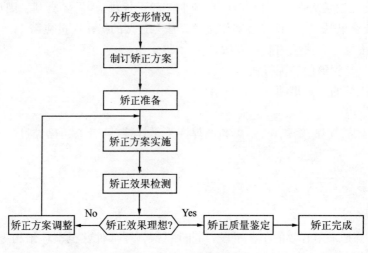

图 5-4　矫正的一般过程

（1）变形检测与矫正分析

检测的目的在于：掌握变形的情况，了解变形的部位、变形的大小、工件材料的性质、工件的结构和刚度；分析变形的形成原因，以便对症下药，采取相应的矫正措施。变形既可能源于外力、力偶，也可能源于内部应力，因此对钣金冷作工来说，必须掌握造成变形的外力的类型和性质，还应该熟悉金属结构加热-冷却过程中应力应变的变化情况和冷却后的分布状况。

变形会引起工件在长度、形状、位置等方面的改变，从而相对设定的理想状况产生误差。而这些误差，即便是形位方面的，也总是可以通过线度方面的长短变化反映出来。因此，针对实际变形，应抓住主要矛盾，确定检测基准，并对关键点位的尺寸进行检测，之后只要采取相应的矫正措施，调整其长短就可以得到矫正的效果。这种选择既要便于测量，更要便于矫正手段的运用。

（2）构思矫正方案

构思矫正方案时应考虑：选择的矫正方法、部位和力度，选用的设备、辅助设施和人员组织，确定的矫正工艺程序和检测办法，有待准备的其他事项。矫正方案不一定形成文字，但一定要成竹在胸。

矫正前的准备是很重要的。对于小的矫正似乎不需要准备什么，对于大型的矫正、精密的矫正要做的准备工作就多了，很多的辅助设施和工艺装置需要设计制作，场地设备、运输吊装、材料保管、人员组织等都要考虑完善。常常是准备七八天，动起手来也就花费几个小时。

（3）矫正作业

矫正作业是纯粹的实践行为，如何矫正，拟在本实训项目中以矫正实例说明。对常见的矫正作业，如调直、矫圆、调扭、平板和结构矫正，可通过指导老师的现场演示，从"做什么"、"怎么做"、"凭什么做"到"为什么这样做"，边讲边做，以领悟平凡动作中的道理。诸如矫正时常说的"调弯打凸，调扭反转"，"长扳短打，上打下垫"，"打实则伸，打空则缩"，以及检查时常说的"短则眼瞄，长则拉线"，"样板靠点，角尺看缝"，"平板验平，手按听音"等"外行难懂，内行会意"的经验口诀究竟是什么意思，只有在具体的实训中才能明白。

（4）火焰矫正的原理

领悟道理对方法的运用是至关重要的。下面介绍火焰矫正的原理。

前面也曾讲过，矫正的方法分为手工矫正、机械矫正和火焰矫正。矫正的方法按工件的温度状况，还可分为冷矫正和热矫正。于是有人认为手工矫正、机械矫正是冷矫正，火焰矫正是热矫正，甚至有的书中也如此介绍。这是一个误解，热矫正其实是指，利用高温状态下工件的强度降低、韧性提高，从而使矫正力度降低、矫正效果加大的一种做法。实际工作中有手工热矫正，也有机械热矫正。

火焰矫正，准确地说应该叫内应力矫正，是通过局部加热，有意"制造"必要的内应力来达到矫正目的的。

图 5-5(a)所示是一条笔直的扁形钢板（$L \times S \times \delta$），其长 $L = 680$ mm，宽 $S = 100$ mm，厚 $\delta = 10$ mm，图中三角形是选定的加热位置与区域。此时板条两边的长度一样。

图 5-5(b)所示是用大号焊枪将三角形区域逐个均匀加热至樱红色（室外暗樱红色和室内亮樱红色温度为 700～800℃）时的平面图，此时钢板被加热的一边因热涨而伸长，$L_1 > L > L_2$，钢板向下方弯曲。

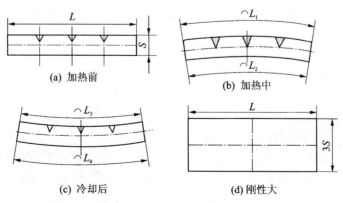

(a) 加热前　　　　　(b) 加热中

(c) 冷却后　　　　　(d) 刚性大

图 5-5　火焰矫正示意图

　　按热胀冷缩的规律,被加热的三角形区域的钢板要膨胀($L_1 > L$),然而这种膨胀并非自由的,加热区域的钢板若要取得膨胀的空间,就必然要推开两头、撕开中间,因此,加热区域的钢板要受到未加热区域的钢板限制其膨胀的同等大小的反作用力。在这些压缩力(主要是同一横截面处未加热区域的钢板产生的)的作用下,三角形加热区域的钢板产生压应力。而且随着温度的增高,一方面压应力迅速增大,另一方面加热区域钢板的强度迅速降低,这样三角形加热区域的钢板出现塑性变形就是不可避免的了。塑性变形使得加热区域的钢板不能膨胀到自由状况下的位置(图 5-4(b)中外线位置)。由于三角形加热区域钢板的膨胀力的影响,扁钢板被加热的一边将产生压应力,导致另一边线度缩短($L > L_2$),扁钢板向下弯曲。

　　图 5-4(c)所示是扁形钢板冷却以后的图形,此时变为向上方弯曲,$L_4 > L > L_3$。

　　开始冷却后,已经缩小的热三角形区域的钢板随之收缩,其所受的压应力逐渐减小;压应力小到 0 时,温度尚高,三角形区域的缩小过程还在继续,未加热区域的钢板对它的作用力转而变成拉应力,限制其缩小;冷却到室温后,三角形区域的钢板被拉伸为如图 5-5(b)所示的外三角形,并不是如图 5-5(c)所示的小三角形(降温过程中,压缩后三角形区域的钢板在自由状态下的理论收缩区)。同样,对边的压应力也逐步减小,过 0 以后转为拉应力并逐渐增大。内力平衡后的状况即为图 5-4(c)所示的结果。为了加速冷却,有时可以改空冷为水冷。造船行业常用的水火弯板即为其应用实例。

　　由图 5-4(a)～(c)可以得出下列结论:

　　① 对膨胀受限的局部加热可以使得该局部冷却后缩小,而合理布置这种加热区域可以获得我们需要的变形,这种变形是我们有意识地布置加热区域形成的热应力造成的,既能用于成形,也能用于矫正。除了前面所说的三角形加热,也可以采用圆形的点状加热。如果把加热点移动成线,又成为线状加热。它们都有矫正效果。实际上这正是火焰矫正时常用的 3 种加热方式:点状加热、线状加热和三角形加热。显然,加热方式的选择和加热区域的布置是该项技术运用的关键。

　　② 加热区域与未加热区域必须界线明显,温度梯度要大,热影响区域要小,这就要求强而集中的热源。氧乙炔焰正好具备这些条件,因而得到了广泛应用。火焰矫正因此得名。由此可见,火焰的能率与集中度是火焰矫正取得效果的必要条件。实践中为了获取大热源,可以用几个焊炬同时加热。

　　③ 未加热区域必须具有适度的刚性,其刚度不能太小,也不能太大。未加热区域没有一定的刚度就不会产生对加热区域的塑性压缩变形,自然矫正也就不会有效果。

　　如图 5-4(d)所示,未被加热区域的刚性很大,大到如图 5-4(a)所示的加热区升温时,压缩量与降温时的拉升量相差无几,矫正同样没有效果。

　　④ 还有一种情况,即火焰矫正的同时存在某种外力作用,而这种外力的作用正好抵消了火焰矫正的效果,此时矫正也没有效果。我们在用火焰矫正法矫正行车大梁下桡时就曾遇到这样的问题,因为对行车自重的影响估计不足,导致开始的矫正没有效果。因此,是否存在这种外力,如何设法去除或平衡这种外力,是在矫正工作中必须认真观察和处理的问题。如果把外力设置在加强火焰矫正效果的方向上,叠加肯定是可行的。按此思路,实践中一旦遇到一般火焰矫正效果不佳的情况,就应考虑增设外力,强力矫正。至于具体的做法,则应根据现场情况和现有条件灵活确定。

　　⑤ 火焰矫正中加热区域都是收缩的。与此类似,焊接的焊缝与氧割的割缝都存在缩短现

象,因此手工平板时,锤击焊缝和割缝,打发延伸焊缝和割缝就是首选措施。

火焰矫正的设备简单,以小博大,效果神奇,诚然是矫正的好方法。可是加热区域的升温和降温过程,其实类似正火和淬火的热处理过程,对于含碳量较高、易于淬硬变脆的材料,这样做是不可以的。因此,火焰矫正不能适用于任何材料,一般只用于低碳钢和部分低合金结构钢制件的矫正。这一点请务必注意。

(七) 相关技能

1. 相关工种的基本技能

除了以上介绍的手工技能外,一些相关工种的基本技能及其涉及的基础知识在钣金制作中也经常用到,这是一个优秀的钣金工应该掌握的。这些相关技能如下:

① 钳工基本操作:锯削、錾削、锉削、磨削、铲刮、研磨、抛光、孔加工(钻孔、扩孔、铰孔、锪孔)、丝加工(攻丝、套丝)、装配。

② 焊接基本操作:电焊、气焊、氩弧焊、锡焊、氧割。

③ 起重基本操作:打扣绑扎、挂钩指挥、橇顶垫落、吊拉拖滚。

④ 电工基本操作:照明及用电设施的电源接线、用电设备的安全操作。

2. 起重常识与相关操作演示

此演示项目为 42 学时钣金实训的组合模块,现场介绍起重的安全知识,一般起重拖运作业中的常用工具、机具,部分基本操作演示。教师现场讲解演示,学生动手参与。

该演示模块的基本内容如下:

① 橇棍与橇、拨、别、转操作;

② 千斤顶的结构原理与顶落操作;

③ 滚筒、道木与平地拖运;

④ 葫芦、滑轮、钢丝绳、三角扒杆、卷扬机与吊装操作;

⑤ 麻绳与打扣绑扎操作;

⑥ 起重吊装的组织与安全操作。

习　题

1. 人们常说钣金工锤子多,你能说出其中的 6 种吗?

2. 对 1 mm 厚的冷轧板可以采用哪些切割方法?

3. 何谓放边? 何谓收边? 常用的放边和收边的手法有哪些?

4. 介绍一下常见的咬口形式和用途。

5. 钣金基本操作有哪些? 钣金冷作工应掌握的钳工基本操作又有哪些?

6. 钣金制作中要注意哪些安全问题?

实训项目五　通风管道的制作与组装

【学习目标】

本项目由教师现场讲解通风管道的结构、用途、操作要领以及注意事项,并实作演示。学生应在了解通风管道结构、用途的基础上,熟悉其操作要领和安全操作规程,掌握通风管道制作与组装的技能。

本项目要求学生能够:

(1) 了解通风管道的常识;

(2) 熟练掌握通风管道制作与组装的技能。

【学习内容】

(1) 通风管道的常识;

(2) 通风管道制作与组装的技能。

【学习评价表】

班　级		姓　名		学　号			
评价方式:学生自评							
评价项目	评价标准			评价结果			
				8	6	4	2
明确目标 任务,制订计划	8分:明确学习目标和任务,立即讨论制订切实可行的学习计划 6分:明确学习目标和任务,30 min后开始制订可行的学习计划 4分:明确学习目标和任务,制订的学习计划不太可行 2分:不能明确学习目标和任务,基本不能制订学习计划			8	6	4	2
小组学习表现	8分:在小组中担任明确的角色,积极提出建设性意见,倾听小组 　　其他成员的意见,主动与小组成员合作完成学习任务 6分:在小组中担任明确的角色,提出自己的建议,倾听小组其他 　　成员的意见,与小组成员合作完成学习任务 4分:在小组中担任的角色不明确,很少提出建议,倾听小组其他 　　成员的意见,被动地与小组成员合作完成学习任务 2分:在小组中没有担任明确的角色,不提出任何建议,很少倾听小 　　组其他成员的意见,与小组成员不能很好地合作完成学习任务			8	6	4	2
独立学习 与工作	8分:学习与工作过程同学习目标高度统一,以达到专业技术标 　　准的方式独立完成所规定的学习与工作任务 6分:学习与工作过程同学习目标统一,以达到专业技术标准的 　　方式在合作中完成所规定的学习与工作任务 4分:学习与工作过程同学习目标基本一致,以基本达到专业技术标 　　准的方式在他人的帮助下完成所规定的学习与工作任务 2分:参与了学习与工作过程,不能以达到专业技术标准的方式 　　完成所规定的学习与工作任务			8	6	4	2

续表

获取与处理信息	8分:能够开拓新的信息渠道,从日常生活和工作中随时捕捉对完成学习与工作任务有用的信息,并科学地处理信息 6分:能够独立地从多种信息渠道收集对完成学习与工作任务有用的信息,并将信息分类整理后供他人分享 4分:能够利用学院的信息源获得对完成学习与工作任务有用的信息 2分:能够从教材和教师处获得对完成学习与工作任务有用的信息	8	6	4	2
学习与工作方法	8分:能够利用自己与他人的经验解决学习与工作中出现的问题,独立制订完成工件加工任务的方案并实施 6分:能够在他人适当的帮助下解决学习与工作中出现的问题,制订完成工件加工任务的方案并实施 4分:能够解决学习与工作中出现的问题,在合作的方式下制订完成工件加工任务的方案并实施 2分:基本不能解决学习与工作中出现的问题	8	6	4	2
表达与交流	8分:能够代表小组以符合专业技术标准的方式汇报、阐述小组的学习与工作计划和方案,表达流畅,富有感染力 6分:能够代表小组以符合专业技术标准的方式汇报小组的学习与工作计划和方案,表达清晰,逻辑清楚 4分:能够代表小组汇报小组的学习与工作计划和方案,表达不够简练,普通话不够标准 2分:不能代表小组汇报小组的学习与工作计划和方案,表达语言不清,层次不明	8	6	4	2

评价方式:教师评价

评价项目	评价标准	评价结果			
		12	9	6	3
工艺制订	12分:能够根据待加工工件的图纸,独立、正确地制订工件的加工工艺,并正确填写相应表格 9分:能够根据待加工工件的图纸,以合作的方式正确制订工件的加工工艺,并正确填写表格 6分:根据待加工工件的图纸制订的工艺不太合理 3分:不能制订待加工工件的工艺				
加工过程	8分:无加工碰撞与干涉,能够对加工过程中出现的异常情况立即作出相应的正确处理,并独立排除异常情况 6分:无加工碰撞与干涉,能够对加工过程中出现的异常情况作出相应的正确处理 4分:无加工碰撞与干涉,但不能处理加工过程中的异常情况 2分:加工出现碰撞或者干涉	8	6	4	2

加工结果	8分：能够独立使用正确的测量工具和正确的方法来检测工件的加工质量，且测量结果完全正确，达到图纸要求 6分：能够以合作方式使用正确的测量工具和正确的方法来检测工件的加工质量，且测量结果完全正确，达到图纸要求 4分：能够以合作方式使用正确的测量工具和正确的方法来检测工件的加工质量，但检测结果有1项或2项超差 2分：能够以合作方式使用正确的测量工具和正确的方法来检测工件的加工质量，但检测结果有2项以上超差	8	6	4	2
安全意识	8分：遵守安全生产规程，按规定的劳保用品穿戴整齐、完整 3分：存在违规操作或存在安全生产隐患	8	3		
学习与 工作报告	8分：按时、按要求完成学习与工作报告，能够发现自己的缺陷并提出解决的措施，书写工整 6分：按时、按要求完成学习与工作报告，书写工整 4分：推迟完成学习与工作报告，书写工整 2分：推迟完成学习与工作报告，书写不工整	8	6	4	2
日常作业 测验口试	8分：无迟到、早退、旷课现象，按时、正确完成作业，回答问题流畅正确 6分：无迟到、早退、旷课现象，按时、基本正确完成作业，回答问题基本正确 4分：无旷课现象，能够完成作业 2分：缺作业且出勤较差	8	6	4	2
综合评价结果					

一、实作部分

本项目要求完成如图 6-1 所示的通风管道的制作与组装。

图 6-1　通风管道的外形图

1. 识图与工艺分析

图 6-2 为图 6-1 所示通风管道的总装图。由图可知,该管道由一个 150 mm×150 mm 的方管(部件①)、一个 150 mm×150 mm 的 90°方弯头(部件②)和一个 150 mm×150 mm/ ϕ130 的天圆地方(部件③)组成。每个部件都是可以独立完成的制作单元。部件①和③自身之间的连接为手工对接平咬口,缝宽图上未说明,按惯例采用 8 mm;部件②自身之间的连接为机制联合角咬口,缝宽图上未说明,由辘骨机的实际辘宽决定;部件①与部件②之间用插条连接,插条及咬口采用机制,接口宽度亦由辘骨机的实际辘宽决定;部件②与部件③之间用拉铆钉连接,搭接宽度为 15 mm。3 个部件所用材料都是 δ=0.5 mm 的镀锌板。

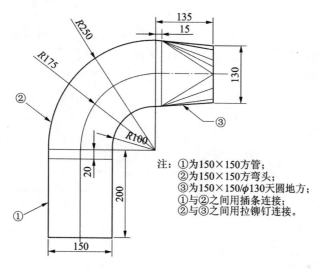

注:①为150×150方管;
　　②为150×150方弯头;
　　③为150×150/ϕ130天圆地方;
　　①与②之间用插条连接;
　　②与③之间用拉铆钉连接。

图 6-2　通风管道的总装图

结构上明确以后,实际中制作宜采用先做部件再行组装的工艺路线,如图 6-3 所示。

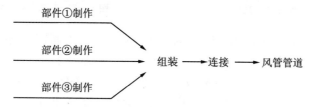

图 6-3　通风管道制作的工艺路线

在未注公差时,一般要求如下:

① 直径、边长与对角线的允差为±2 mm。

② 口面角度的允差为±3°。

③ 外形良好,表面不得有明显的锤击印;线条成形清晰,轴线平面不得有明显的翘曲。

2. 方弯头的制作

方弯头的制作工艺如下:

① 盖板加工:上下盖板划线→剪切下料→内外弧扳边→矫平→打制插条咬口。

② 侧板加工:侧板连体划线→剪切下料→辘制联合角咬口→剪开内外侧板→以盖板的样板将侧板弯曲成形→打制插条咬口→整形并调整间隙。

③ 弯头组装:内外侧板与上盖板组装并定位咬合→内外侧板与下盖板组装并定位咬合→整体整形咬合→整形。

方弯头的具体制作过程如下:

(1) 准　备

该工序主要是确定机器辘制的咬口余量。先把等厚度的板料插入辘骨机上、下滚轮的中间,用扳手调整上、下滚轮架的间隙,使板料受力均匀,进料平稳,成形正常。再按咬口方式(联合角咬口、对接平咬口)用内六角扳手调整前导板的位置,并用等厚度的边料试车检查,逐步调至合适。然后根据调整合适后的尺寸变化确定咬口余量。

(2) 放　样

方弯头由上下盖板及内外侧板 4 部分组成。盖板与侧板之间的咬接为联合角咬口,展开放样时要注意各边加放相应的余量。展开图详见图 6-4 和图 6-5。注意,图中虚线为成形线,以后各图亦当如此。

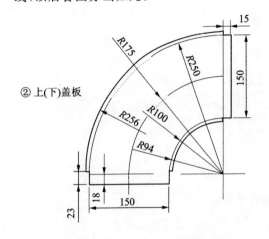

图 6-4　方弯头上(下)盖板的展开图

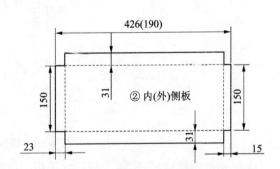

图 6-5　方弯头内(外)侧板的展开图

注意:盖板扳边时要注意折弯的方向,因两头的连接方式不同,余量也就不一样,扳边时方向必须相反,成形线要对称划出。此外,内外侧板要连在一起下料,一起辘制联合角咬口,原因是内侧板太短,单独辘制不便掌握,容易报废。内外侧板的联合下料图详见图 6-6。辘制前不要忘记将圈中三短线处各剪开 31 mm,因为辘制后板材重叠,再剪就不方便了。

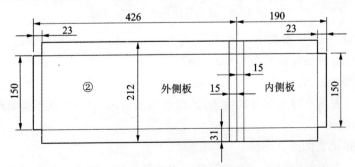

图 6-6　内外侧板联合下料图

（3）下　料

直线下料可用剪板机；弧线下料、打剪刀口用手工剪。下料时，同时将相连侧板的连接线和缺口线剪开 31 mm（共 6 处）。

由于侧板的两条边线是辘制联合咬口的基准，因此下料时对侧板总宽度（212 mm）要控制准确，否则将影响方边尺寸（150 mm）。

注意合理排料、套料，应该使留下的材料尽可能大，便于以后再使用。

（4）成　形

成形包括以下两道工序：

① 盖板扳边。盖板扳边采用手工成形，可用拍尺或錾口锤在鸭脚板或适用的垫铁上扳制。

要特别注意的是，上、下盖板的扳边方向不能搞错。扳边时，用鸭脚板或垫铁抵住扳边线，扳打板边，锤击部位应在边上，不要打在弯曲处，落锤要平，不要留下凸凸凹凹的锤子印；也不要打死、打过头，防止一开始就打成清角；90°扳边不要一次到位，要逐步成形，并且要及时用 $R=100$ mm、$R=250$ mm 的成形样板检查内、外弧的扳边成形情况。扳边过程中，还要控制板面的平面度。扳边、整形交替进行，直至扳边完成。扳边高度要控制在 6 mm 左右，太大将影响宽度尺寸，使加工难度大大增加；太小则既影响宽度尺寸，又使扣边不稳。盖板上还有一处单咬口要成形，此咬口可以机辘也可以手工打制，但因为其尺寸太小，机辘不好掌握，而手工成形则比较方便。手工打制咬口宜在扳边之后进行。

② 侧板成形。先在辘骨机上成形内、外侧板的单边联合角接口，然后打一边单咬口，最后才把内、外侧板按规定的 R 值手工弯曲成形。弯曲时可以别一头、扳一头，顶中间、压两边，或者垫两边、打中间，弯曲程度随时用 $R=100$ mm、$R=250$ mm 的成形样板检查，也可直接用盖板检查。

要注意的是，插条连接处的平接口要开口朝外，联合角接口要直边朝外，成形时不要做反了；操作辘骨机时要注意安全。

（5）组　装

先装一个盖板和两个侧板。装配的关键是：把盖板边与相配的侧板弧度调整一致，把侧板咬口的间隙调整合适；插入后端头要平齐，然后把两端和中间垫打到位，到位一处，就将局部适当翻边定位，再用垫铁打压各处，使之插入到位，并覆边定位。

同法装配另一盖板。检查无误后方可全部覆边打平。应当装好一条缝就全部打平打死它，不留一点调整的余地。

结合部位的尺寸、形状必须调整一致，不能强塞乱打，宜选择尺寸相近的部位调整装配；要保证整体平正，不能扭曲变形；表面要整形良好，不能有明显的锤击印；尺寸必须准确，不能超过公差要求。

（6）整　形

整形前，先观测分析问题所在，再有针对性地调整管口的尺寸，矫正弯头扭曲；然后平整咬口，使咬口弯曲均匀，宽窄一致；最后修平表面过大的锤印。

3. 方管的制作

方管的展开图见图 6-7。

方管的制作工艺：划线→剪切下料→辘制插条咬口→打制对接咬口→折方→对接咬合→整形。

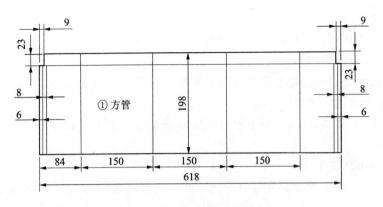

图 6-7　方管的展开图

方管的具体制作过程如下：

① 划线下料。直接在镀锌板上划线，下料用剪板机，剪刀口用铁皮剪。

② 咬口成形。先辘制插条连接处的咬口和插条。辘制前在折弯处剪开四条，剪开长度同缺口。插条最好一次辘制成，总长略大于 800 mm。

对接咬口手工成形按图 5-2 的程序操作。因两头咬合时互扣，所以成形一定要相反。成形的次序是先辘、后打、再折，即先辘制 618 尺寸方向的插条连接咬口，然后手工打制方管对接的平咬口，最后才用折弯机折方。

因为辘制前的板料必须是平料，而手工打制咬口在平料下才好操作，所以特别提醒大家注意：不要折弯后再来打咬口，那样会造成返工。

③ 折方在折边机上完成，先折两头，后折中间。折方是控制边长的关键，刀压的位置及线露出多少要心中有数。要折一次，量一次，细心操作，以保证尺寸准确。

④ 对接咬口在垫铁或钢轨上咬和，咬口互扣，完全进槽后，先打紧两头定位，再整条打平。

⑤ 整形主要做好两点：一是保证几何精度，二是保证外形美观。前者主要看边长误差、对角线误差和角度误差，后者主要看形位表象和表面损伤情况。

4．天圆地方的制作

天圆地方的展开图见图 6-8。

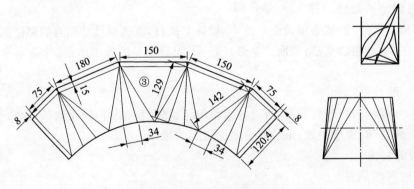

图 6-8　天圆地方的展开图

天圆地方的制作工艺:展开→划线→剪切下料→打制对接咬口→弯曲成形→咬合→矫圆→方口扳边→整形。

天圆地方的具体制作过程如下:

① 放样、制作样板并下料。

② 手工成形对接咬口。注意,两头的咬口上、下相反,不要打成"同边鼓"。

③ 天圆地方初步成形。按照天圆地方的成形线在垫杆上手工压制,使其初步成形。

④ 咬合。把平咬口对扣连接并打平,要先打两头定位,再打平中间,对于较长的咬缝,可在中间适当布置定位段。注意,不要把筋打死,筋一打死反而没力。如果打击过度,一旦塑性耗尽,将补救无门。

⑤ 整形。整形主要是检查尺寸,确定方头和圆头扳边的大小。因为板薄,所以对圆头可稍微扳点边,再整圆;对方头按平行于中面的要求扳 15 mm 的边,再调方。最终控制方与圆的尺寸在允差之内。

检查形状误差可以使用成形样板、平板直尺或角尺,但用得更多的是目测＋测量。测量时,"圆量对径,方量边长和对角线",即:对于圆头,按十字方向检查对径,允差为±1 mm;对于方头,检查四边边长误差和对角线长度误差,误差也要控制在±1 mm 之内。

要保证方头和圆头的外形良好,整形时应使平面与锥面的交线平行而清晰,方边处 4 个三角形平面要平整,不能起拱;锥面要圆滑,不能有明显的折痕和锤印。

5. 3 个部件的组装

先装配方管和方弯头。装配前应测量并调整相关尺寸,选择合适的装配方案,修整咬口和插条,逐一装配,再包边、钻孔、拉铆、定位。插条连接时要包边,包边位置安排在弯头的内、外侧,包边长度在 25 mm 左右。

然后装配方弯头和方圆头。同样调整好各装配部位的尺寸,这是后续工作难易的关键。对位、压紧、钻孔、拉铆,再平缝、调平、矫圆。拉铆时不要逐边完成,应该四边定位,符合装配要求后再全部铆接。

因为材料是 0.5 mm 厚的镀锌板,经过一番组装操作后不免又有变形,所以不能忘了整体整形。

6. 收尾工作

用钢字码在自己的试件或本组的试件上打上学号、组号,按要求上交。然后收拾工具,维护设备,清理场地,打扫卫生。

7. 其　他

在制作现场翻书不便,我们实际使用的是一张图卡,其两面各印一幅图,分别为通风管道制作工艺简图和通风管道制作排料图(该图卡能从书上按印线裁下更好)。

通风管道制作工艺简图如图 6-9 所示。

通风管道制作排料简图如图 6-10 所示。

本项目主材采用规格为 2 000×1 000×0.6 的镀锌板,按 2 000 尺寸方向均分为 3 块。

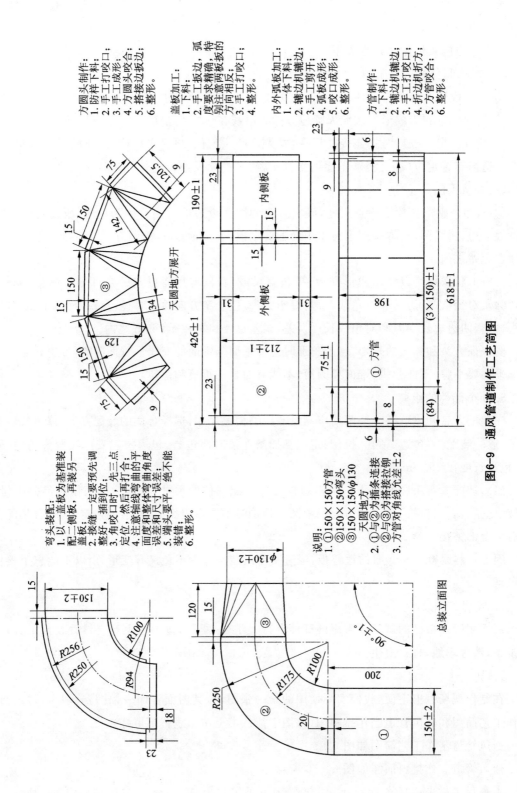

图6-9 通风管道制作工艺简图

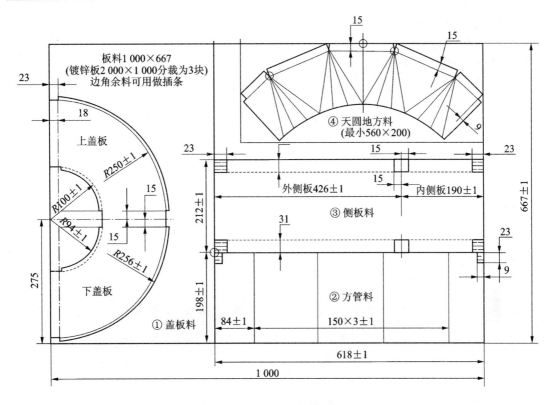

板料1 000×667
(镀锌板2 000×1 000分裁为3块)
边角余料可用做插条

23

18

上盖板

$R250\pm1$

$R100\pm1$

$R94\pm1$

15

15

$R256\pm1$

下盖板

275

① 盖板料

④ 天圆地方料
(最小560×200)

15

15

9

23

外侧板426±1

内侧板190±1

23

③ 侧板料

212 ± 1

667 ± 1

31

② 方管料

23

9

198 ± 1

84±1

150×3±1

618±1

1 000

图 6-10　通风管道制作排料简图

二、知识链接

(一) 通风管道的常识

1. 通风管道的结构与常用的连接方式

通风管道,顾名思义,就是风的通道。正是这些大大小小管道的组合连接才形成通风系统、空调系统和空气净化系统中不可缺少的输送网络。通风管道一般由管道、连接配件和功能部件组成。管道按截面分为方管和圆管;连接配件包括变向的弯头,变径的大小头,变截面的方圆头,引出支管的三通、四通和柔性短管;功能部件则包括各种风口、风帽和风阀,还有静压箱、消声器、过滤器、空气处理装置等,以及动力部件——通风机。

前面已经讲过,薄板通风管道常用的连接方式有螺纹连接、法兰连接、咬口连接、铆接、焊接和上述方式的组合连接。其中咬口连接应用广、历史长、发展快,其接头形式多样,设计精巧,大有取代其他连接方式之势(其常见的连接方式见图5-1)。现代通风管道的管段之间广泛应用的无法兰连接,就是咬口连接的新发展,它主要采用承插连接、插条连接、TDF连接和TDC连接。其中,承插连接方式分为直接承插、带芯管承插和带抱箍承插;插条连接方式分为S形插条、C形插条、立式插条和薄法兰插条;TDF连接是管端扳边自成法兰,然后用法兰角、法兰夹扣接起来;TDC连接则是另配特制薄板法兰条,铆接于管边,用法兰角和法兰夹夹紧,密封靠法兰间的密封胶。

2．通风管道的常用材料

（1）板　材

通风管道常用的板材如表 6 - 1 所列。

表 6 - 1　通风管道常用的板材

名　称	厚度/mm	规格/mm²	说　明
普通钢板	$\delta=0.5\sim4$	1 000×2 000 1 220×2 440	强度好，价格低，易加工，应用广
镀锌钢板	$\delta=0.5\sim1.2$	1 000×2 000 1 220×2 440	防锈好，易加工，应用广
不锈钢板	$\delta=0.5\sim4$	1 000×2 000 1 000×2 000	耐热，耐腐蚀
钢塑复合板	$\delta=0.35\sim2$	450×1 800 500×2 000 1 000×2 000	钢板外覆 0.2～0.4 mm 厚的聚氯乙烯薄膜，耐腐蚀
Y₂ 铝板	$\delta=0.8\sim4$	1 200×2 000	塑性好，耐浓硝酸、醋酸、稀硫酸等腐蚀
U - PVC 板			耐油，耐磨，耐腐蚀；隔音，隔热，绝缘

（2）型　材

通风管道常用的型材是型钢和铝型材。

型材一般按横截面的形状来分类，按机械性能使用。以型钢为例，扁钢、角钢常用于加强风管和制作法兰；圆钢、角钢、槽钢、钢管、方通常用做风管支架；槽钢、工字钢则多用做机架横梁。从规格上看，通风管道上应用的型材的尺寸都较小。

3．通风工程

通风工程包括制作和安装两大部分。本实训内容侧重通风管道的制作，因为安装技能的训练另安排有实训项目。为建立一个完整的印象，此处还是把安装施工的过程简介如下：

工程准备→放线→设备基础工程→风管部件、支（吊）架制作→设备安装→支（吊）架安装→风管底面分段组装→风管、管道附件吊装就位→找平、找正、找标高→连接→调整→捡漏→制作保温层或涂层。

4．通风管道制作的工艺过程与工艺特点

通风管道的制作工艺是典型的薄板制作工艺，常用的制作工具、设备以及对应的操作技能此前均已介绍，兹不赘述。

通风管道的制作一般不需要重型设备，大部分工作都在施工现场完成，现场制作，现场安装。尽管现在施工机械的应用越来越多，但都是本工种自用机械，因而人工工作量很大。通风管道的制作对技能的要求也比较高：一是薄板制作，手工功夫要好；二是现场配作，综合技能要强；三是涉及安装，现场变化大，设计时始料不及的问题较多，现场问题要靠现场解决，没有足够的经验是应付不了的。如果没有上述技能，轻则走弯路，误工期；重则返工，既误工期，又导致经济损失。

（二）通风管道制作分析

1. 风管管段的制作

① 风管放样。对于直管段，一般在钢板上直接划线，常以板材的边线为基准，要求划线精确，误差控制在 1 mm 以内。同时，在钢板上划线必须考虑材料的利用率。在钢板上直接划线前就要估计完成后的图形范围，要合理余料，不能造成浪费。此外，要以加工方便、用料最省为原则，根据管段的展开总长（展开长度＋扳边、放边余量）、使用板材的规格来确定单段管在板上的布置。一般的做法是在合理用料的原则下，尽可能使单段管长一些。如何布置对接缝也是有讲究的，只有确定了对接缝的数量和位置后，才能动手划线。

② 下料前要注意核实尺寸，下料和折弯时要注意控制加工误差。加工尺寸误差大，形位不准，外观不好，这些对初学者来说是常见的毛病。为此初学者应该多实践，多上机练习，熟悉基本操作，掌握机器的性能，宜利用落料后的边料作为训练的材料。

③ 风管合缝一般采用咬口连接，一定要精准确定放边（即加放的咬口余量）和合理打好剪刀口。所谓剪刀口，是指两条咬口相交时，为保证第二条咬口处于单层而在第一条咬口的放边上预先剪的一个缺口。

要根据筋宽（咬口宽度）确定放边的大小，一般根据材料及其厚度确定筋宽。咬口成形时一定要注意控制筋宽，以保证相关尺寸的准确。对于辘制咬口，放边的大小取决于辘骨机的辘制情况，放样前应在辘骨机上实测数据。

④ 方管折方、圆管卷圆是制作中的成形过程。不论是手工加工还是机械加工，都能很好地完成这道工序。制作时，若板厚稍大则最好使用机械加工，若板厚较薄则可以手工加工。折方在刚度好、有清角的直边垫铁上进行，卷圆在圆管上压制。总是先做好咬口，粗略弯形以后再咬合接缝，然后整形矫圆，要求做到尺寸准确，外形美观。注意，方管划线时，一定要划准折弯线。

尺寸准确的要求是：边长或直径误差为 1～3 mm；对角线或 90°对径误差为 2～4 mm。

外形美观的要求是：表面轮廓合乎要求，平滑一致，没有明显锤子印和折痕；折方线平直清晰，弯曲角度一致。

⑤ 为保持平面的稳定，对尺寸较大的方管都设有加固措施，也就是常说的加强筋和支撑。可以通过打筋、压筋和滚筋，在管壁上棱线、滚槽来设置加强筋；也可以在管壁内、外附加扁铁、角钢之类的加强筋。前者完成于折方之前，后者装配于风管成形以后。

⑥ 安装前，单节风管要连接成多节管段，管段的长度要根据现场情况和吊运条件酌情确定，一般为 3～4 m。管段之间采用法兰连接；管节之间采用无法兰连接，连接时注意接缝错开。

2. 连接件的制作

布置管道时，常常需要改变管道的方向、改变管道截面的形状和大小、加装附件和引出分支，在管道中这些有变化的部位，需要一些特制的连接件来连接两个不同的管口。要制作这些连接件，必须事先测好被连接的两个管口的空间位置、两管口之间的夹角、管口截面的形状和大小。换句话说，描述这些空间位置、夹角、形状、大小的参数必须是已知的。下面介绍常用的几种连接件。

① 弯头。弯头是管道转弯时的连接件。它有弯曲角度的大小之分,也有口径的大小之分,即弯头不但要转弯,还要在转弯的过程中改变口径的大小;弯头还有同心、偏心和扭转之分,即管轴线通常在同一平面内弯转,也有不在同一平面内弯转的,后一种空间弯头的加工难度相对要大一些。

② 大小头。大小头就是变径接头,两头形状相似,但尺寸不同。

③ 方圆头。方圆头是一种变截面接头,它一头是方口,另一头是圆口,俗称"天圆地方"或"天方地圆"。有时因特别需要会设计各种各样的变截面接头,这样的接头制作难度大,虽不多见,但必须会做。

④ 分叉管。根据支管的多少,行内常把分叉管称为三通、四通、五通等。一分为二是三通,一分为三是四通,依此类推。分叉管都要变径,这使其制作难度大大提高。

⑤ 复杂的连接件要用样板下料,即使单件制作也要如此。多件制作更要用样板,要合理套料,充分利用样板。

3. 法兰的制作

通风管道上常用的法兰是角钢法兰。它分为两种:一种是用在方管上的方法兰,另一种是用在圆管上的圆法兰。方法兰制作起来比较容易:先在一块较平的厚钢板上按法兰的内框线点焊定位,形成一个简单的组装模;然后把四边的角钢下料调直,放到上述简单的组装模上组装、焊接成方法兰。相对而言,圆法兰的成形难度要大得多。由于其弯曲变形量太大,常用的做法有两种:一是在胎模上加热红煨,二是在专用机器上强力弯制。

法兰成形以后还要钻孔。若法兰制作的数量大,可采用钻模;若制作的数量小,可划线钻孔。钻孔精确且能互换使用当然很好,不过把法兰一反一顺,成对配钻,成对使用,也不失为一个好办法。

此外,还要注意以下几点:

① 当法兰与管端的连接为铆接时,管端在法兰面上要翻边 8~10 mm,在管长下料时要考虑到这一点;

② 装配时要特别注意法兰的平面度(对角线中心距离小于 2 mm);

③ 成对钻孔的法兰要对号入座,不能乱了套,也不能乱了方向。

4. 支(吊)架的制作

支(吊)架用于通风管道的空间定位,有时不一定出图。不管有图无图,只要条件许可,都应该到现场勘察,然后决定取舍。制作时,关键尺寸要留有余地,要注意外观质量。常用支(吊)架的类型和应用,不仅是设计施工人员需要了解的,也是技术工人必须掌握的。

5. 附件的制作

由于篇幅所限,附件的制作从略。

总而言之,无论哪一种制作,其尺寸必须准确,不能超过公差要求。为了满足这一要求,不仅放样下料要准确,制作过程也必须细心控制。一批产品在工艺路线初定以后,即便是以前制作过,也应该先试制、试装一遍,取得第一手资料,再修正样板,调整工艺和工时,明确注意事项,以便指导批量生产。

习　题

1. 简述一般通风管道制作的工艺过程。
2. 在样板上什么情况下要留有余量？如何加放咬口余量？
3. 折方的一般要求是什么？
4. 为什么方弯头的内、外侧板要连在一起下料？并一起辘制联合角咬口？
5. 写出风管组件方管、方弯头和方圆头的制作程序。

实训项目六　铆接件的制作

【学习目标】

本项目由教师现场讲解铆接设备的结构、用途、操作要领以及注意事项,并开机演示;学生应在了解铆接设备结构、用途的基础上,熟悉操作要领和安全操作规程,掌握其操作技能。

本项目要求学生能够:

(1) 熟悉铆接中搭接、对接、角接的结构;

(2) 掌握铆接中搭接、对接、角接的工艺;

(3) 了解铆接中搭接、对接、角接的质量检验。

【学习内容】

(1) 铆接中搭接、对接、角接的结构;

(2) 铆接中搭接、对接、角接的工艺;

(3) 搭接、对接、角接的质量检验。

【学习评价表】

班　级		姓　名		学　号				
评价方式:学生自评								
评价项目	评价标准			评价结果				
				8	6	4	2	
明确目标任务,制订计划	8分:明确学习目标和任务,立即讨论制订切实可行的学习计划 6分:明确学习目标和任务,30 min后开始制订可行的学习计划 4分:明确学习目标和任务,制订的学习计划不太可行 2分:不能明确学习目标和任务,基本不能制订学习计划							
小组学习表现	8分:在小组中担任明确的角色,积极提出建设性意见,倾听小组其他成员的意见,主动与小组成员合作完成学习任务 6分:在小组中担任明确的角色,提出自己的建议,倾听小组其他成员的意见,与小组成员合作完成学习任务 4分:在小组中担任的角色不明确,很少提出建议,倾听小组其他成员的意见,被动地与小组成员合作完成学习任务 2分:在小组中没有担任明确的角色,不提出任何建议,很少倾听小组其他成员的意见,与小组成员不能很好地合作完成学习任务	8	6	4	2			

续表

评价项目	评价标准				
独立学习与工作	8分：学习与工作过程同学习目标高度统一，以达到专业技术标准的方式独立完成所规定的学习与工作任务	8	6	4	2
	6分：学习与工作过程同学习目标统一，以达到专业技术标准的方式在合作中完成所规定的学习与工作任务				
	4分：学习与工作过程同学习目标基本一致，以基本达到专业技术标准的方式在他人的帮助下完成所规定的学习与工作任务				
	2分：参与了学习与工作过程，不能以达到专业技术标准的方式完成所规定的学习与工作任务				
获取与处理信息	8分：能够开拓新的信息渠道，从日常生活和工作中随时捕捉对完成学习与工作任务有用的信息，并科学地处理信息	8	6	4	2
	6分：能够独立地从多种信息渠道收集对完成学习与工作任务有用的信息，并将信息分类整理后供他人分享				
	4分：能够利用学院的信息源获得对完成学习与工作任务有用的信息				
	2分：能够从教材和教师处获得对完成学习与工作任务有用的信息				
学习与工作方法	8分：能够利用自己与他人的经验解决学习与工作中出现的问题，独立制订完成工件加工任务的方案并实施	8	6	4	2
	6分：能够在他人适当的帮助下解决学习与工作中出现的问题，制订完成工件加工任务的方案并实施				
	4分：能够解决学习与工作中出现的问题，在合作的方式下制订完成工件加工任务的方案并实施				
	2分：基本不能解决学习与工作中出现的问题				
表达与交流	8分：能够代表小组以符合专业技术标准的方式汇报、阐述小组的学习与工作计划和方案，表达流畅，富有感染力	8	6	4	2
	6分：能够代表小组以符合专业技术标准的方式汇报小组的学习与工作计划和方案，表达清晰，逻辑清楚				
	4分：能够代表小组汇报小组的学习与工作计划和方案，表达不够简练，普通话不够标准				
	2分：不能代表小组汇报小组的学习与工作计划和方案，表达语言不清，层次不明				

评价方式：教师评价					
评价项目	评价标准	评价结果			
		12	9	6	3
工艺制订	12分：能够根据待加工工件的图纸，独立、正确地制订工件的加工工艺，并正确填写相应表格				
	9分：能够根据待加工工件的图纸，以合作的方式正确制订工件的加工工艺，并正确填写表格				
	6分：根据待加工工件的图纸制订的工艺不太合理				
	3分：不能制订待加工工件的工艺				

加工过程	8分:无加工碰撞与干涉,能够对加工过程中出现的异常情况立即作出相应的正确处理,并独立排除异常情况 6分:无加工碰撞与干涉,能够对加工过程中出现的异常情况作出相应的正确处理 4分:无加工碰撞与干涉,但不能处理加工过程中的异常情况 2分:加工出现碰撞或者干涉	8	6	4	2
加工结果	8分:能够独立使用正确的测量工具和正确的方法来检测工件的加工质量,且测量结果完全正确,达到图纸要求 6分:能够以合作方式使用正确的测量工具和正确的方法来检测工件的加工质量,且测量结果完全正确,达到图纸要求 4分:能够以合作方式使用正确的测量工具和正确的方法来检测工件的加工质量,但检测结果有1项或2项超差 2分:能够以合作方式使用正确的测量工具和正确的方法来检测工件的加工质量,但检测结果有2项以上超差	8	6	4	2
安全意识	8分:遵守安全生产规程,按规定的劳保用品穿戴整齐、完整 3分:存在违规操作或存在安全生产隐患	8	3		
学习与工作报告	8分:按时、按要求完成学习与工作报告,能够发现自己的缺陷并提出解决的措施,书写工整 6分:按时、按要求完成学习与工作报告,书写工整 4分:推迟完成学习与工作报告,书写工整 2分:推迟完成学习与工作报告,书写不工整	8	6	4	2
日常作业测验口试	8分:无迟到、早退、旷课现象,按时、正确完成作业,回答问题流畅正确 6分:无迟到、早退、旷课现象,按时、基本正确完成作业,回答问题基本正确 4分:无旷课现象,能够完成作业 2分:缺作业且出勤较差	8	6	4	2
综合评价结果					

一、实作部分

本项目是铆接实训模块。本项目的制作内容中制作品种较多,由教师命题或学生结合实际来选题。建议人员适当搭配,分组进行,以便进度均衡。其练习内容如下。

1. 搭　接

搭接的连接结构如图 7-1 所示。

2. 对　接

对接的连接结构如图 7-2 所示。

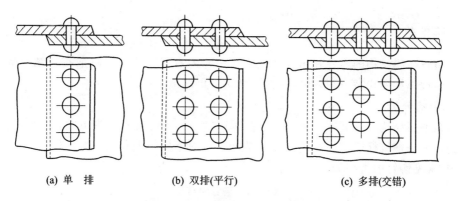

(a) 单 排 (b) 双排(平行) (c) 多排(交错)

图 7-1 搭接的连接结构图

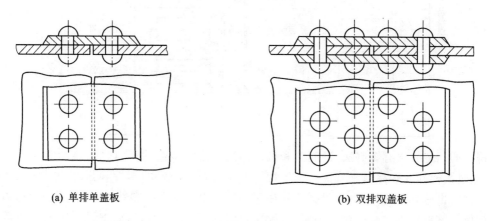

(a) 单排单盖板 (b) 双排双盖板

图 7-2 对接的连接结构图

3. 角 接

角接的连接结构如图 7-3 所示。

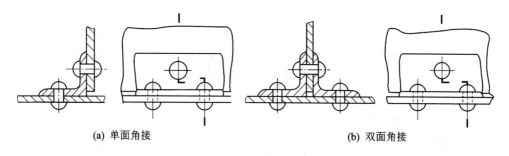

(a) 单面角接 (b) 双面角接

图 7-3 角接的连接结构图

二、知识链接

(一) 铆接工艺

用铆钉将金属结构的零件和组合件连接在一起的过程叫铆接。目前在钢结构的制造中，铆接已逐步被焊接所代替，但是铆接在部分结构中仍然被采用。

1. 铆钉的分类

铆钉是铆接结构中最基本的连接件，它由圆柱铆钉、铆钉头和镦头组成。镦头是由伸出于铆接件的那部分铆钉杆镦挤而成的。根据结构及用途不同，铆钉的种类也有很多。在钢结构的连接中，常见铆钉的类型如表 7-1 所列。

表 7-1 铆钉的类型

形 状	名 称	形 状	名 称
	半圆头铆钉		沉头铆钉
	平锥头铆钉		平头铆钉
	半沉头铆钉		

铆钉的制造方法有车制法、锻制法和机械制法。绝大多数的铆钉是在自动制作铆钉的机床上，通过阴模和冲头冷镦制成的。由于铆钉本身需要有很好的塑性和强度，所以，生产铆钉的主要材料也应具备这种性能，以保证其在铆合过程中容易发生塑性变形，并用一定的强度连接着构件。铆钉所用的金属材料随所连接结构材料的不同而不同，如钢、铜、铝或其他金属材料。钢结构的铆接主要采用钢制的铆钉。除特殊规定外，一般钢铆钉的材料采用 Q235 和 Q215，用冷镦法制作的铆钉须经退火处理。根据使用要求，应对铆钉进行可铆性试验及剪切强度试验。铆钉的表面不允许有裂纹、浮锈及其他较严重的碰伤和条痕。

2. 铆钉的应用

构件之间的互相连接处，称为"接缝"。构件中用铆钉来连接的地方，称为铆接缝。

在各种铆接中，半圆头铆钉应用得最广泛。它可分为大号和小号两种。大号半圆头铆钉用在那些既要求强度足够大又要求紧密性较好的铆接部位，例如锅炉的板缝。在一般的钢结构铆接中，大部分采用小号半圆头铆钉。埋头铆钉只用在那些接缝表面要求平滑的铆接部位。平锥头铆钉往往用在容易被腐蚀的铆接部位。

3. 铆接的种类

根据对结构的要求不同，结构的基本铆接种类可分为以下几种。

① 强固连接。这种连接必须有足够的强度来承受强大的压力，但对其接缝处的紧密度可不计较。例如，各种钢架和各种桥梁结构的连接就属于这一类。

② 紧密连接。这种连接不能承受大的压力，只能承受较小的均匀压力，但其接缝处要非常紧密，以防止漏泄现象发生。例如，气箱、水箱、油罐等结构的连接均属于这一类。

③ 强密连接。这种连接除了要具有足够的强度来承受很大的外力之外,其接缝处还必须非常紧密,要保证结构在一定压力的液体或气体作用下不渗漏。例如,船舶、锅炉、压缩空气罐等其他高压容器的连接都属于这一类。

4. 铆接的基本形式

铆接的基本连接形式是由零件相互结合的位置所决定的,主要有下列3种。

（1）搭 接

搭接是铆接中最简单的连接形式。把一块板搭在另一块板上,用铆钉铆合,称为搭接,如图7-4(a)所示。如果要求两块板位于同一平面上,应把一块板先进行折边,然后再连接,如图7-4(b)所示。

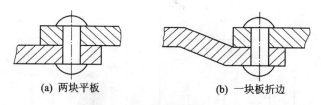

(a) 两块平板　　　　　　(b) 一块板折边

图 7-4　搭接的基本连接形式

（2）对 接

将两块板置于同一平面内,其上覆有盖板,用铆钉铆合,称为对接。对接可分为单盖板式及双盖板式两种,如图7-5所示。

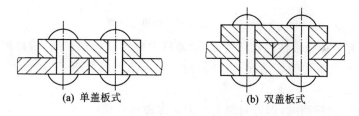

(a) 单盖板式　　　　　　(b) 双盖板式

图 7-5　对接的基本连接形式

（3）角 接

两块板互相垂直或组成一定的角度,在角接处覆以角材,用铆钉铆合,称为角接。角接可覆以单根角材,也可覆以两根角材,如图7-6所示。

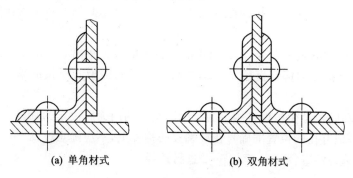

(a) 单角材式　　　　　　(b) 双角材式

图 7-6　角接的基本连接形式

5. 铆钉的排列

根据铆接缝的强度要求,可以把铆钉排列成单行、双行或多行不等。根据每一条铆接缝上的铆钉排列行数,铆接可分为以下 3 种:

① 单行铆钉连接:连接所用的铆钉按主方向排列起来,仅仅是一行。

② 双行铆钉连接:连接所用的铆钉按主方向排列起来,形成两行。

③ 多行铆钉连接:连接所用的铆钉按主方向排列起来,形成多行。

对于双行铆钉连接,根据铆钉排列的位置,铆接又可分为以下 2 种:

• 并列式连接:相邻排中的铆钉是成对排列的,如图 7-7(a)所示。

• 交错式连接:相邻排中的铆钉是交错排列的,如图 7-7(b)所示。

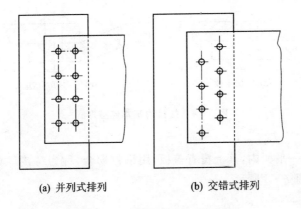

(a) 并列式排列　　　　(b) 交错式排列

图 7-7 双行铆钉的排列位置

铆接对结构有 3 种隐蔽性的破坏情况:沿铆钉中心线处板被拉断,铆钉被剪切断,孔壁被铆钉压坏。鉴于上述 3 种破坏情况,以及结构上和工艺上的要求,对铆钉的排列一般有如下规定:

① 当铆钉并列式排列时,铆钉间距 $t \geq 3d$(d 为铆钉直径)。

② 当铆钉交错式排列时,铆钉对角间距 $t_1 \geq 3.5d$。

③ 由铆钉中心到板边的距离:沿受力方向的距离 $\geq 2d$,垂直受力方向的距离 $\geq 1.5d$。

④ 为了保证板和板之间的紧密贴合,一般要求两个铆钉中心的最大距离 $a \leq 8d$ 或 $a \leq 12\delta$(δ 为被铆接构件的厚度)。对于多行铆钉连接,中间行的铆钉和刚性很大的构件连接,铆钉中心的距离可以加大一些,对于受拉构件的连接可加大到 $16d$ 或 24δ,对于受压构件的连接可加大到 $12d$ 或 16δ。

⑤ 为了保证板边的紧密贴合,由铆钉中心到板边的最大距离 $l \leq 4d$ 或 $l \leq 8\delta$。

⑥ 单行与双行搭接的铆钉直径 $d \approx 2\delta$,单行与双行双盖板式对接的铆钉直径 $d \approx 1.5\delta \sim 1.75\delta$。

铆钉的直径和间距是由被铆接构件的厚度和结构的用途所决定的,因此,在施工时必须按设计图纸的要求,把钉孔的位置准确号在被铆接的构件上,不应随意改动。

一般情况下铆钉的直径可参考表 7-2 进行选择。

表 7 - 2 铆钉直径的选择

构件的计算厚度/mm	9.5～12.5	13.5～18.5	19～24	24.5～28	28.5～31
铆钉直径/mm	19	22	25	28	31

表 7-2 内构件的计算厚度可参照下列 3 条加以确定：

① 钢板与钢板以搭接形式铆接时，构件的计算厚度为较厚钢板的厚度；

② 厚度相差较大的钢板铆接时，构件的计算厚度为较薄钢板的厚度；

③ 钢板与型钢铆接时，构件的计算厚度为两者的平均厚度。

6. 铆接的工具

铆接的工具主要包括：

冲孔机：用来冲孔；

风钻、电钻：用来钻孔；

矫正冲：用来矫正钉孔；

烧钉炉：用来加热铆钉；

铆钉枪：用来冲击铆钉杆，使它填满钉孔，达到铆合的目的。

另外，还有顶把、压杆、夹钳、各种扳子、接钉勺和螺栓等。

7. 铆接的方法

铆接分热铆和冷铆两种。热铆是事先将铆钉加热到一定温度后再进行铆合。冷铆不必加热，直接进行铆合。

热铆和冷铆各有优点和缺点。热铆的优点是，工作时所要求的压力小，钉头容易成形；缺点是，由于冷缩现象，钉杆不易将钉孔填满。冷铆的优点是，节省人力、燃料和原料；缺点是，对铆钉的钢材质量和装配质量要求较高，铆钉容易脆裂，工作时需要加的压力较大，所以直径较大的铆钉很少用冷铆。在钢结构的生产中主要采用热铆。只有受力不大、直径不超过10 mm 的铆钉才用冷铆，其使用范围不大。

铆合就是使铆钉杆填满在被铆接构件的钉孔里，并且形成一定形状的钉头。铆钉孔被填塞得越紧密，钉头形成得越合理，则结构所能承受的外力就越大。

铆接的过程是先号孔，按照图纸的要求和尺寸将孔号在构件上，然后用冲孔机冲孔或钻孔；当构件的铆钉孔加工完成后，便可以进行铆接的装配工作。所连接构件上的铆钉孔应基本上是重合的，否则要用矫正冲将钉孔矫正，然后可用少量的螺栓均匀分布地将构件互相固定起来。虽然前几道工序都严密地控制铆钉孔的准确性，但仍会发生钉孔不能完全重合的现象，导致铆钉或螺栓无法插入。因此，通常在铆接前必须进行扩孔工作。铆钉直径和钻孔直径之间的关系可参考表 7 - 3。

表 7 - 3 铆钉直径和钻孔直径的关系

mm

铆钉直径		4	5	6	7	8	10	11.5	13	16	19	22	25	28	30	34	38
钻孔直径	精配	4.1	5.2	6.2	7.2	8.2	10.5	12	13.5	16.5	20	23	26	29	31	35	39
	中等配合	4.2	5.5	6.5	7.5	8.5	10.5	12	13.5	16.5	20	23	26	29	31	35	39
	粗配	4.5	5.8	6.8	7.8	8.8	11	12.5	14	17	21	24	27	30	32	36	40

铆钉杆的长度应适当。如果铆钉杆太长,则铆接时必须多打几次,铆钉材料的质量也会降低;如果铆钉杆的长度不足,则铆钉头的尺寸达不到所要求的规格,结构的坚固性就会降低。

对于最常用的半圆头铆钉,其钉杆长度的计算可采用如下公式:

$$l = 1.12\delta + 1.4d$$

式中:l 为钉杆长度;

δ 为铆接总厚度;

d 为铆钉直径。

上述工作结束后,即可进行铆接。通常热铆的过程由 4 个工序组成:

① 加热铆钉;

② 将铆钉插入钉孔中;

③ 用铆接工具镦粗钉杆;

④ 形成铆钉头。

铆钉的加热温度是非常重要的。温度过高会使铆钉发生熔损,对铆接质量会有很大影响。如果温度过低,铆钉加热不够,则在铆接时,不等铆成所需要的形状,铆钉就冷却了。一般将铆钉烧成橙红色较为适宜(1 000～1 100℃)。同时,钉头部分的温度应较钉杆低一些,这样就不会在铆接过程中把钉头打偏。

铆接一般由 3～4 人组成一组共同操作,其中一人掌握铆钉枪,一人在铆接的另一面顶钉,一人管理加热的铆钉,一人传递铆钉。

将铆钉加热后即从炉中取出,交给顶钉者,这个动作要求比较迅速准确。顶钉者接到铆钉后,立即将其塞入预先与施钉者约定的铆钉孔中,施钉者发现铆钉伸出后,就可以用铆钉枪去冲击钉杆,使钉杆变粗,最后获得所需要的形状。在放铆钉前,铆钉孔内不允许有锈和脏物,烧红的铆钉上的铁渣、氧化皮应全部敲掉。

铆接时不能先松脱固定螺栓,而是先铆螺栓后面的钉孔,再铆螺栓前面的钉孔,然后才能卸去此螺栓,把其所在的钉孔铆上,否则,固定螺栓就失去了作用。这是因为铆接时钢板会稍微变长,如果没有固定螺栓的固定作用,板面就会变得凹凸不平。

对于那些要求水密、油密和气密的铆接结构,为了保证铆接缝的紧密度,对板边和铆钉头应进行捻缝。捻缝是指采用一种专门的工具——捻缝凿,并借助风动枪,捻压钢板边缘和铆钉头的周围,使部分金属微作弓形,从而使板缝具有较优良的紧密性。

8. 铆接的工艺要求

铆接的工艺要求如下:

① 铆接前,应清除铆接部位的毛刺、铁刺、铁渣和钻孔时落入的金属屑等脏物。

② 铆接前,应将铆接部位用足够数量的螺栓把紧,将板缝中预先刷好防锈油。在水密接头中每隔 3 或 4 个钉孔设置一个螺栓;在油密接头中每隔 2 或 3 个钉孔设置一个螺栓;其他情况每隔 4 或 5 个钉孔设置一个螺栓。

③ 铆接时,应将铆钉加热到 1 000～1 100℃,不能使用过热而呈鲜明白热状态和猛烈闪光的铆钉,也不能使用加热不足而呈暗红色的铆钉。

④ 使用空心铆钉进行铆接时,正常的空气压力一般不能少于表 7-4 所规定的范围。

表 7-4　空气压力与铆钉直径的关系

铆接直径/mm	13	16	19	22
空气压力/(kgf·cm^{-2})	3	4	5	6

注:1 kgf·cm^{-2}=98.066 5 kPa。

⑤ 铆钉被铆固后,其周围应与构件表面紧贴。

⑥ 铆钉被铆固后,其任何一端都不允许有裂纹和深度大于 2 mm 的压痕,铆钉周围的构件表面不允许有深度大于 0.5 mm 的压痕。

⑦ 凡不符合结构中质量要求的铆钉,均应拆换。

⑧ 凡是不松动且只有间断漏水的铆钉,允许用捻缝或碾压方式止漏;凡是松动的铆钉,不允许用电焊点固或者加热后重铆。

⑨ 对于铆接混合结构,铆接工作应在其邻近结构的焊接和火焰矫形工作完毕后进行。

目前在许多铆接工作量较大的工厂里,除了应用铆钉枪以冲击法进行铆接外,还采用铆接机以压合法进行铆接。

压合法铆接的特点在于,它能均匀压缩铆钉杆,并形成所需要尺寸的铆钉镦头。压合法铆接比冲击法铆接优越,主要适合在车间内组织流水线生产。

压合法铆接的优点如下:

① 减轻了体力劳动,铆接时噪声小,改善了铆工的劳动条件。

② 一名生产工人即可操作,提高了劳动生产率。

③ 形成的铆钉镦头形状一致,表面光洁,提高了铆接的强度和质量。

压合法铆接所用的设备就是铆接机,有液压式和机械式等多种。有的铆接机启动一次只铆合一个钉,称为单铆机;有的铆接机启动一次可铆合几个钉,称为多铆机。这些铆接机一般都安装有小车、滚动桁架、专门吊车等辅助装置,使工件或铆接机在铆接过程中可以任意移动位置。

(二) 质量检查

针对铆钉的质量检查一般包括:外观的尺寸检查,查看铆钉头是否符合铆接技术的要求;松紧的检查,可以用质量不到 0.4 kg 的小手锤轻击铆钉头,通过发出的声音辨别它的松紧。另外,还可进行水压试验,查看在铆钉处或板缝间是否有渗水现象。如果板缝间出现渗水,可以重新捻缝;如果铆钉处轻微渗水,也可以进行捻缝。对于要求严格的结构,一般应将有质量问题的铆钉拆去重铆。

(三) 铆接与焊接的比较

铆接和焊接是两种不同的工艺方法。近年来焊接工艺迅速发展,焊接技术成为连接金属结构的各种方法中最先进的工艺之一。生产实践证明,与铆接相比,焊接有很多优点。例如,焊接可以节省大量钢材,结构的重量轻,成本低,生产效率高,结构的坚固性和紧密性好,焊接过程没有噪声等。但焊接也有缺点,高温而引起的收缩导致焊接结构产生变形和残余应力。

对铆接和焊接可从如下几方面进行简单比较:

① 结构重置。铆接不仅需要留出铆钉孔的位置,而且必须将两个连接件重叠或盖上覆板

才能进行铆接。而焊接则可以直接对接和角接,没有重置部分。因此,同样一种构件,其铆接结构要比焊接结构的重量大和用材料多。

② 强度。铆接结构铆接缝的强度效率一般只在被铆构件的 80％ 以下;而如果用优质的焊条和正确的施焊方法,焊接结构焊缝的强度效率可以达到 100％。

③ 施工工序。对于铆接,必须先准确地求出钉孔的位置,然后冲孔或钻孔,并准备一定规格的铆钉,将铆钉加热后才能进行铆接。而对于焊接,虽然在焊接之前也需要进行边缘清除污物和坡口等准备工作,但比铆接要简单得多。

④ 劳动量。铆接一般需要 3~4 人配合才能工作,并且铆工的体力劳动强度大。而焊接只需要 1 或 2 人就能工作,特别是半自动焊机、自动焊机和各种高级焊接设备的应用,使生产效率大为提高。

⑤ 变形。焊接后的结构中会产生残余的焊接内应力,如果焊接工艺不当,则产生的焊接内应力会使结构发生变形,严重的会使焊缝和结构破裂。因此,焊接时,要采取一定的防止变形及减小应力的工艺措施。在这一方面,铆接则优于焊接,它在安装、找正和控制变形方面一般都比焊接方便,十分有利于大型结构(如桥梁等)的现场安装。

习　题

1. 什么叫铆接?简单说明其特点和用途。
2. 铆接的种类和形式都有哪几种?分别叙述其特点。
3. 铆钉排列的基本参数指的是什么内容?
4. 在铆钉与钢板的基本参数中,钉距、排距和边距是怎样确定的?
5. 如何确定铆钉的直径、长度和孔距?
6. 为什么有的铆钉要冷铆?有的铆钉要热铆?
7. 手工冷铆时,为什么对铆钉头的锤击次数不能过多?

附录 A　自由制作

一、说　明

学生运用新掌握的手工操作技能独立制作一个自己设计的小作品。

（1）对学生的创意，教师提供设计、制作中的工艺指导和技术支持；制作中用到的超出训练要求且学生一时掌握不了的技能，教师则予以协助配合。

（2）制作材料主要采用边角余料。

（3）完成时间不指定，若课内时间不够，则允许课外进行。

二、典型实例

1. 长征 2 号 F 型运载火箭模型的制作

长征 2 号 F 型运载火箭模型的尺寸由学生在教师指导下按自测的比例并根据材料的大小确定，其示意图如图 A-1 所示。若整体制作难以完成，则可先制作某一部分，待时机成熟时再完成整体制作。

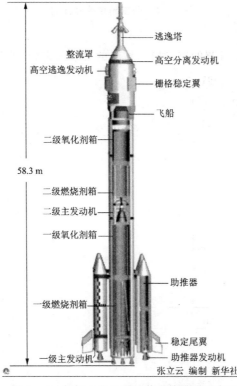

张立云 编制 新华社发

图 A-1　长征 2 号 F 型运载火箭模型示意图

2. 凸五角星的制作

凸五角星的尺寸由学生按自测的比例并根据材料的大小确定,其展开图如图 A－2 所示。

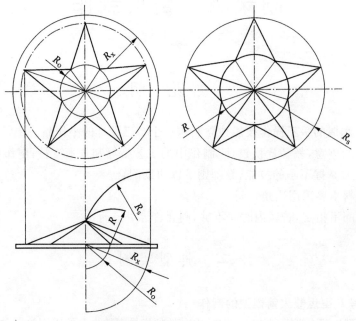

展开图说明:
① 底板ϕ=2.2 R_x,δ=1 mm;
② 五角星高度H=0.15ϕ。

图 A－2　凸五角星的展开图

3. 垃圾铲的制作

垃圾铲的尺寸由学生按自测的比例根据材料的大小确定,其展开图如图 A－3 所示。

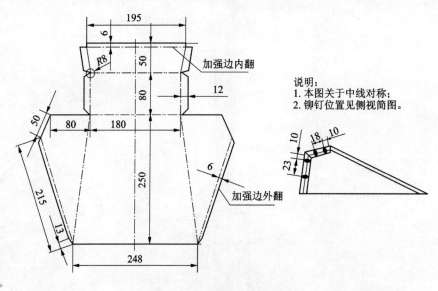

说明:
1. 本图关于中线对称;
2. 铆钉位置见侧视简图。

图 A－3　垃圾铲的展开图

附录 B 冷作工和铆工专业技能证书考评试题

一、工艺理论考核试题

(一) 初级冷作工模拟试题

1. 判断题

(1) 划线分平面划线和立体划线两种。(　　)

(2) 翻边是把板料分离的一种冲压工艺。(　　)

(3) 形位公差符号"O"表示圆度,"//"表示平行度。(　　)

(4) 拱曲成形的工件一般底比边缘厚。(　　)

(5) 凡需要多次拉形的工件,其最后一次拉形要在淬火状态下进行。(　　)

(6) 振动剪床只能用于剪切直线轮廓。(　　)

(7) 薄板弯曲零件的展开长度可按弯曲圆角内径计算。(　　)

(8) 图中标注 $SR15$ 表示球半径为 15 mm。(　　)

(9) 检测钣金件成形质量的唯一标准是准确度。(　　)

(10) 部分电路欧姆定律的表达式为 $I=U/R$ 或 $U=IR$(　　)。

(11) 正常的金属材料的剪切断面是由圆角带和毛刺带两部分组成的。(　　)

(12) 拉深系数 m 越大,则材料的变形程度越大。(　　)

(13) 将板料的边缘相互折转扣合,并彼此压紧的连接方法叫咬口连接。(　　)

(14) 冲孔时为了延长模具的使用寿命,凸模尺寸应按工件孔的最小尺寸加工。(　　)

(15) 自由弯曲时的弯曲力比矫正弯曲力大。(　　)

2. 单项选择题

(1) 下列材料中,可以通过热处理强化的是(　　)。

A. LF21M   B. LF6Y$_2$ C. LF3   D. LY11M

(2) 用(　　)的方法,可以把直角型材收成一个凸曲线弯边的工件。

A. 放边   B. 拔缘   C. 拱曲   D. 收边

(3) 放边表现为板料的纤维(　　)。

A. 伸长,厚度减薄   B. 伸长,厚度增厚

C. 缩短,厚度减薄   D. 缩短,厚度增厚

(4) 在斜口剪板机上剪下的条料可能发生(　　)变形。

A. 拉伸   B. 镦粗   C. 弯曲或扭曲   D. 翻边

(5) 金属材料的可焊性评定标准是(　　)。

A. 焊接速度快   B. 裂纹的产生情况

C. 消耗焊条少   D. 裂纹的产生情况及气孔的产生情况

(6) 强力旋压比普通旋压的可旋毛坯厚度（　　）。

A. 厚 　　　　　　 B. 薄 　　　　　　 C. 相同 　　　　　　 D. 无法比较

(7) 一般用于检验零件结构平面(腹板平面)形状的样板为（　　）。

A. 切面样板 　　　　　　　　　　 B. 展开样板

C. 外形样板 　　　　　　　　　　 D. 切钻样板

(8) 下列工艺属塑性变形的有（　　）。

A. 冲孔 　　　　　 B. 落料 　　　　　 C. 剪切 　　　　　 D. 弯曲

(9) 自由弯曲时,凸模行程越大,则弯曲角越（　　）。

A. 大 　　　　　　 B. 小 　　　　　　 C. 不变 　　　　　　 D. 以上均不是

(10) 阶梯冲裁比平刃冲裁所需要的冲裁力（　　）。

A. 小 　　　　　　 B. 大 　　　　　　 C. 相同 　　　　　　 D. 无法比较

(11) 材料拉伸试验可能出现的现象是（　　）。

A. 扭转 　　　　　 B. 起皱 　　　　　 C. 断裂 　　　　　 D. 以上均不发生

(12) 在弯曲过程中,采用加压矫正的方法比自由弯曲的方法所产生的回弹（　　）。

A. 大 　　　　　　 B. 小 　　　　　　 C. 相同 　　　　　　 D. 无法比较

(13) 部分电路欧姆定律的表达式为（　　）。

A. $I=U/R$ 　　　 B. $P=UI$ 　　　 C. $P=W/t$ 　　　 D. $P=I^2R$

(14) 容易保证冲裁模间隙均匀的冲裁件形状是（　　）。

A. 多边形 　　　　 B. 长方形 　　　　 C. 圆形 　　　　 D. 正方形

(15) 拉深模的间隙是凹模与凸模直径差值的（　　）。

A. 1 倍 　　　　　 B. 1.5 倍 　　　　 C. 2 倍 　　　　 D. 1/2 倍

3. 计算题

(1) 有一斜刃剪板机,其剪刃斜角 $\psi=5°$($tg5°=0.088$),对于剪切厚度为 6 mm 的 65Mn,其剪切力需要多大？($\tau_0=600$ MPa)

(2) 已知冲裁件的厚度 $t=1$ mm,冲裁周长 $L=250$ mm,$\tau=300$ MPa,LK=1,求冲裁力。

(3) 若在 A3 钢板上冲 $\phi20$ 的孔,其卸料力多大？(板厚为 2 mm,$\tau_0=35$ kgf/mm^2,$K_{卸}=0.05$)。

4. 问答题

(1) 圆锥体的三视图有哪些特点？

(2) 金属材料的性能包括哪几种？

(3) 硬铝合金的热处理强化由哪两个过程组成？

(4) 何谓冲裁？

(5) 翻边孔的粗糙度对工件质量有何影响？

(二) 中级冷作工模拟试题

1. 判断题

(1) 板料中性层位置的改变与弯曲半径和板料厚度的比值大小有关。（　　）

(2) 卷边的作用是消除板料的锐利锋口,提高薄板边缘的强度和硬度。（　　）

(3) 为了防止板料在拉深时起皱,可以在压边圈和毛料上施加润滑油。（　　）

(4) 钣金工手剪毛料时,右手要握牢剪柄中部。(　　　)

(5) 筒形件在首次拉深时其凸缘部分易起皱。(　　　)

(6) 热处理可强化的铝合金强度和硬度较低而耐腐蚀性能和可焊性较高。(　　　)

(7) 平刃冲裁所需的冲裁力比斜刃冲裁小。(　　　)

(8) 样板的专用标记是表示零件、工装的几何形状,使用、制造和工艺特征的标记。(　　　)

(9) 以模线样板为外形协调依据的方法称为模线样板工作法。(　　　)

(10) 塑性是指金属材料在外力作用下不发生弯曲的永久变形的能力。(　　　)

(11) 金属材料可焊性的评定标准是产生裂纹的可能性和裂纹的多少,以及有无气孔产生。(　　　)

(12) 机械制图中规定的三视图的关系有:位置关系、尺寸关系和方位关系。(　　　)

(13) 矫形是矫正弹性变形引起的回弹。(　　　)

(14) 拔缘或压窝是为了增加工件的强度。(　　　)

(15) "收"的主要障碍是起皱,"放"的主要障碍是拉裂。(　　　)

2. 单项选择题

(1) 将板料通过模具或机床设备加工成一定角度、一定形状的工件的冲压方法是(　　　)。

A. 翻边　　　　　　B. 拉深　　　　　　C. 局部成形　　　　D. 弯曲

(2) 与其他位置比较,拱曲成形工件的底部(　　　)。

A. 厚　　　　　　　B. 一样　　　　　　C. 薄　　　　　　　D. 无规律

(3) 收边表现为板料的纤维(　　　)。

A. 伸长,厚度减薄　　　　　　　　　　B. 伸长,厚度增厚

C. 缩短,厚度减薄　　　　　　　　　　D. 缩短,厚度增厚

(4) 一般情况下,工件的弯曲半径若小于最小弯曲半径,则工件会发生(　　　)现象。

A. 开裂　　　　　　B. 起皱　　　　　　C. 颈缩　　　　　　D. 无规律

(5) 用普通旋压的方法可以制造各种不同形状的(　　　)。

A. 空心回转体零件　　　　　　　　　　B. 弯曲件

C. 盒形件　　　　　　　　　　　　　　D. 翻边件

(6) 对金属材料进行位伸试验时,所测得的强度极限 σ_b 是(　　　)测出的。

A. 顺扎制方向　　　　　　　　　　　　B. 垂直扎制方向

C. 与扎制方向成 $45°$ 　　　　　　　　 D. 以上均不是

(7) 以下形状中,冲裁工艺性好的是(　　　)。

A. 长槽形　　　　　B. 三角形　　　　　C. 圆形　　　　　　D. 长方形

(8) 冲床的公称压力是指(　　　)。

A. 滑块接近下死点时所允许的最大工作压力

B. 材料的抗力

C. 材料的抗力与顶料力之和

D. 材料的抗力与顶料力之差

(9) 截平面垂直于圆锥底面,其截交线是(　　　)。

A. 椭圆　　　　　　　　　　　　　　　B. 等腰三角形

C. 圆   D. 双曲线或三角形

(10) 根据杠杆原理,用剪刀剪切时,手应握住剪柄的( )部位。

A. 中间   B. 前端   C. 末端   D. 任意

(11) 可以通过展开作图的方法求得展开料的是( )。

A. 抛物线旋转体   B. 球体   C. 圆锥体   D. 椭球体

(12) 闸压成形时,在自由弯曲阶段,凸模进入凹模越深,弯曲角越( )。

A. 小   B. 大   C. 变   D. 以上均不对

(13) 毛坯在拉深时,采用较大的拉深系数比较小的拉深系数所产生的变形程度( )。

A. 大   B. 小   C. 相等   D. 无法比较

(14) 下列材料中,比较适合制作冷冲压件的是( )。

A. 45 钢   B. 08F   C. 65Mn   D. T8

(15) 金属在外力作用下,一定发生的情况是( )。

A. 塑性变形   B. 断裂

C. 弹性变形后塑性变形   D. 弹性变形

3. 计算题

(1) 材料为 LY12M,$\sigma_b = 240$ MPa,$K_1 = 0.11$,厚度 $t = 2$ mm,零件长度为 1 500 mm,单角自由折弯成 V 形件,求弯曲力。

(2) 计算图 B-1 所示零件的展开长度。

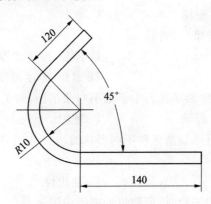

图 B-1 弯曲件的图样尺寸

(3) 有一台 800 kN 的压力机,要想在其上将宽 $B = 1\,000$ mm,厚度 $t = 1.2$ mm,$\sigma_b = 45$ MPa,弯曲半径 $r = 10$ mm 的板料压弯,试问能否完成?

4. 问答题

(1) 看切割体视图的一般步骤是什么?

(2) 金属压力加工的难易程度与金属本身的什么性能有关?

(3) 管材弯曲时常产生什么缺陷? 怎样防止?

(4) 冲模设计要考虑压力机哪些技术参数?

(5) 冲压生产中容易造成哪些事故?

（三）高级冷作工模拟试题

1. 判断题

(1) 机械制图规定了剖面图中的移出剖面,轮廓线为粗实线,画在图形外。(　　)

(2) 用去除材料方法获得的表面粗糙度,Ra 的上限值为 3.2 μm,其标注为"√"。(　　)

(3) 手工弯曲时,板料外层受拉,内层受压,外力去除后产生回弹。(　　)

(4) 大批量冲孔时,一般选用带导柱的冲孔模。(　　)

(5) 薄板料滚成大圆筒时,中性层的长度有所变长。(　　)

(6) 筒形件首次拉深时,其凸缘部分易开裂。(　　)

(7) 外形样板可以制造内形样板,检验零件的外形。(　　)

(8) 一般情况下,工件的弯曲半径应等于或小于最小弯曲半径。(　　)

(9) 非金属涂覆包括化学氧化、阳极化和涂漆。(　　)

(10) 计算弯曲件的展开料应依据弯曲件的外表层的弯曲半径进行。(　　)

(11) 普通旋压零件的成形是依靠毛料直径的扩大或缩小来获得壁厚有较大变化的零件。(　　)

(12) 三视图的投影规律为:主、俯视图长对正;主、左视图高平齐;左、俯视图宽相等。(　　)

(13) 强力旋压又称为不变薄旋压。(　　)

(14) 压窝或拔缘是为了增加工件的刚度。(　　)

(15) 用橡皮板收边一般是在收边量较大、材料较厚时采用。(　　)

2. 单项选择题

(1) 钳工划线一般分(　　)。

A. 平面划线　　　　　　　　　　B. 立体划线

C. 平面划线和立体划线　　　　　D. 实物模拟

(2) 下列材料牌号中,属硬铝的是(　　)。

A. LY12M　　　　B. L7　　　　C. LF21　　　　D. H62

(3) 板料滚弯成大筒时,其中性层的长度(　　)。

A. 伸长　　　　B. 缩短　　　　C. 不变　　　　D. 变化无规律

(4) 下列工艺不属于塑性变形的是(　　)。

A. 拉深　　　　B. 翻边　　　　C. 挤压　　　　D. 剪切

(5) 离合器的功能是机器在运转过程中,可将传动系统随(　　)。

A. 分离　　　　B. 接合　　　　C. 分离或接合　　　　D. 变形

(6) 手工锯条常用的材料是(　　)。

A. T10　　　　B. 65Mn　　　　C. 45 钢　　　　D. 08F

(7) 对于压力机,操作人员在开车前一定要做到(　　)。

A. 手盘车　　　　　　　　　　B. 按微动按钮

C. 脚踏点动　　　　　　　　　D. 手盘车或按微动按钮

(8) 钢直尺的用途是(　　)。

A. 度量长度或划短的直线　　　　B. 度量长度

C. 划短的直线   D. 度量角度

(9) 落压模常用的材料是(   )。

A. 上下模为铅   B. 上下模为锌

C. 上模为铅,下模为锌   D. 上模为锌,下模为铅

(10) LY12 淬火后在室温下经(   )天后,便能自然时效到最高强度。

A. 1~2   B. 2~3   C. 4~5   D. 6~7

(11) 减少淬火后手工矫修量的途径有(   )。

A. 减小淬火变形

B. 采用新淬火料成形

C. 采用软料成形

D. 减小淬火变形或采用新淬火料成形

(12) 对于裁件工作,凹模的尺寸取为零件的最小极限尺寸,间隙由减小(   )的尺寸得到。

A. 凸模   B. 凹模   C. 凸模或凹模   D. 以上均不是

(13) 铝合金蒙皮零件一般都在新淬火状态下拉形,主要原因是(   )。

A. 节省时间

B. 无法修矫淬火引起的鼓动

C. 无法修矫淬火引起的变形

D. 无法修矫淬火引起的鼓动和变形

(14) 抵制型材加工中翘曲和畸变的最有效的工艺方法是采用(   )。

A. 对称的型材剖面组合   B. 刚性垫块

C. 刚性垫块或对称的型材剖面组合   D. 以上均不同

(15) 管子弯曲成形的障碍是(   )。

A. 变薄超差   B. 内壁起皱

C. 断面畸变   D. 以上 3 种均可发生

3. 计算题

(1) 计算图 B-2 所示零件的展开长度。

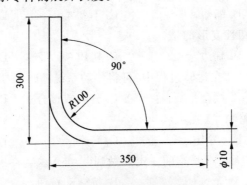

图 B-2　直角弯曲件的图样尺寸

(2) 有一台直流电机,输出功率为 2 kW,接在 220 V 的直流电源上,从电源出来的电流为 10 A,求输入功率是多少? 电动机的效率是多少?

（3）按图 B-3 所示计算圆台的展开尺寸：扇形顶角为 θ，大圆弧半径为 R_1，小圆弧半径为 R_0。已知零件厚度为 3.0 mm（中性层系数 $K=0.5$）。

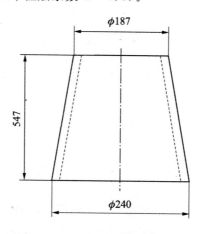

图 B-3　圆台的图样尺寸

4. 问答题

（1）试述板材滚弯矫平的原理。

（2）钣金件的装配特点是什么？

（3）在钣金件下料中如何提高材料的利用率？

（4）检查焊接质量有哪些方法？

（5）放样中什么叫可展表面和不可展表面？为何对不可展表面可作近似展开？

（四）中级铆工模拟试题

1. 判断题

（1）当机件的形状接近于对称，且不对称部分已另有图形表达清楚时，也可以将其画成半剖视图。（　　）

（2）公差与偏差的根本区别是，公差永远是正值，而偏差可为正、负或零值。（　　）

（3）表面粗糙度就是零件加工表面具有的微小间距的峰谷所组成的微观几何形状的不平程度。（　　）

（4）30CrMnSi 表示此合金钢的平均含碳量为 3%，平均含铬量为 1%，平均含锰量为 1%，平均含硅量为 1%。（　　）

（5）铝合金的热处理温度控制比碳钢的要求更严格。（　　）

（6）三相交流电由三相发电机产生，通过送变电线路，分 4 根线送到用户，其中 3 根线是火线，称为相线，另一根接地的 N 线称为中线（零线），这种供电方式称为三相四线制。（　　）

（7）产品验收技术条件是产品的质量标准和验收依据，也是编制装配工艺规程的主要依据。（　　）

（8）焊接构件的韧性和塑性比铆接构件好，但其由应力集中引起的断裂比铆接构件严重得多。（　　）

（9）强固铆接要求铆接构件能承受大的作用力，能保证构件有足够的强度，而对铆接缝的

严密度无特殊要求。（　　）

（10）角接是两块金属板相互平行并在接缝处以金属角材为连接件并用铆钉铆合的连接。（　　）

（11）水准仪由望远镜、水准器和基座等组成，用于测量角度、倾斜度、长度和垂直度等。（　　）

（12）定位基准与工序基准重合是选择定位基准的一条重要原则，这两个基准若不重合则会引起很大的加工误差。（　　）

（13）飞行器装配中，当产品骨架零件的刚度比蒙皮的刚度大时，一般是采用在型架内以蒙皮外形为基准进行装配。（　　）

（14）两个相配合的零、组、部件之间，配合部分的实际形状和尺寸相符合的程度称为协调准确度。（　　）

（15）所谓构造工艺性是指：在保证满足产品使用质量的条件下，在产品制造过程中适合于采用合理而最经济的工艺方法，从而达到高生产指标的那些构造属性。（　　）

2. 单项选择题

（1）在垂直于圆柱齿轮轴线的投影面的视图中，啮合区内的齿顶圆均用（　　）绘制。

A. 点画线　　　　B. 双点画线　　　　C. 细实线　　　　D. 粗实线

（2）在任何位置上的实际尺寸不允许超过（　　），即对于孔，其实际尺寸应不大于最大极限尺寸，对于轴，其实际尺寸应不小于最小极限尺寸。

A. 最大实体尺寸　　　　　　　　B. 最小实体尺寸

C. 基本偏差尺寸　　　　　　　　D. 基本尺寸

（3）内径千分尺和外径千分尺是常用的测微螺旋量具，常用测微量具的分度值为（　　）。

A. 0.1 mm　　　B. 0.01 mm　　　C. 0.05 mm　　　D. 0.001 mm

（4）定位焊用来固定各焊接零件之间的相互位置，以保证整个构件得到正确的（　　）和尺寸。

A. 定位程度　　　B. 装配精度　　　C. 几何精度　　　D. 几何形状

（5）铆焊结构件的平面度是将被测平面包含于其间的两个理论平行平面之间的（　　）距离。

A. 直线　　　B. 垂直　　　C. 最大　　　D. 最小

（6）工程上凡依靠摩擦维持平衡的物体，若在满足一定的条件下，不论主动力的大小如何，总能保持平衡而不滑动，这种现象称为（　　）。

A. 静止　　　B. 自锁　　　C. 静平衡　　　D. 动平衡

（7）铆接构件在使用中，受铆构件对铆钉产生拉力或压力，这时铆钉受到（　　）力的作用。

A. 弯曲　　　B. 扭转　　　C. 挤压　　　D. 剪切

（8）在选择划线基准的原则中，划线基准应尽量和（　　）基准一致。

A. 定位　　　B. 测量　　　C. 工艺　　　D. 设计

（9）常用的公制锥形定位销孔的锥形铰刀，其切削部分的锥度一般为（　　）。

A. 1∶20　　　B. 1∶30　　　C. 1∶40　　　D. 1∶50

（10）如果设计基准可作为定位基准和测量基准，则工序基准与（　　）相同。

A. 设计基准　　　　B. 装配基准　　　　C. 划线基准　　　　D. 辅助基准

（11）检验焊缝的（　　）即检验超出母材表面的那部分焊缝金属的高度。

A. 不平度　　　　　B. 咬边　　　　　　C. 粗糙度　　　　　D. 余高

（12）刚性越好的构件，其焊后引起的变形量（　　）。

A. 越大　　　　　　B. 越小　　　　　　C. 不变　　　　　　D. 无规则变化

（13）用（　　）定位的装配方法，要求零件有足够的刚度和较高的准确度，在装配时一般没有修配或补充加工等工作。

A. 基准零件　　　　B. 划线　　　　　　C. 装配孔　　　　　D. 装配型架

（14）飞行器（　　）是指对飞行器外形表面上的铆钉头、螺钉头、蒙皮对缝阶差等局部凹凸不平度的一定要求。

A. 外形准确度　　　B. 外形平面度　　　C. 外形波纹度　　　D. 外形表面平滑度

（15）装配夹具的误差在装配总误差中属于（　　）。装配夹具制造好以后，通过测量装配夹具各定位件的实际尺寸可以确定装配夹具误差的实际大小。

A. 系统误差　　　　B. 随机误差　　　　C. 环节误差　　　　D. 程序误差

3. 计算题

（1）试求图 B-4 所示折弯件的展开料尺寸。已知：材料为 LF21-δ2.0，弯曲半径为 R，折叠处 $R=0.1$ mm，当 $R/\delta=1$ 时的中性层位移系数 $X=0.42$，求展开料的尺寸。

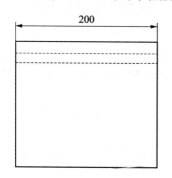
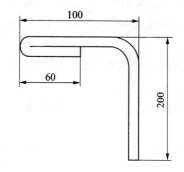

图 B-4　折弯件的图样尺寸

（2）在钢和铸铁工件上分别攻制 M16×2 的螺纹，求其底孔直径分别是多少？

4. 问答题

（1）简述铆钉枪的工作原理是什么？

（2）试述拉铆的操作工艺是什么？

（3）怎样拆除半圆头铆钉？

（4）试述飞行器装配中确定零件位置的 4 种定位方法。

（5）为使相配零件得到要求的配合精度，有哪几种装配方法？试作简单解释。

（6）将图 B-5 所示某零件的主、俯视图改为局部剖视图。

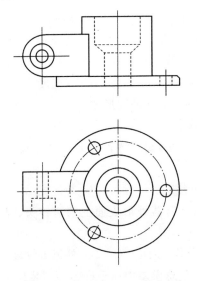

图 B-5 某零件的主、俯视图

(五) 高级铆工模拟试题

1. 判断题

(1) 不论是平面立体还是曲面立体,被切割后的截交线都是封闭的空间曲线。(　　)

(2) 相贯线是两形体表面的共有线,也是相交两形体的分界线。(　　)

(3) 在铆钉直径不变的情况下,铆钉的铆接强度与铆钉的长度和铆接件的总厚度成正比。
(　　)

(4) 不能承受较大的压力和剪力,但铆接处具有高度密封性的铆接,称为密固铆接。
(　　)

(5) 焊接接头的强度计算是根据等强度原理考虑的,也就是说,焊缝的强度要等于焊接件
的强度。(　　)

(6) 装于交流电动机主电路中的熔断器,既能起短路保护作用,又能起电动机过载保护作
用。(　　)

(7) 在选择铰孔余量时,一般来说,孔径大,则留铰孔余量小,而孔径小,则留铰切余量大。
(　　)

(8) 等离子切割属于热切割,与氧气切割在本质上是相同的。(　　)

(9) 气体保护电弧焊是利用气体作为保护介质的一种电弧熔焊方法。(　　)

(10) 由一套预制的标准元件及部件,按照工件的加工要求拼装组合而成的夹具称为组合
夹具。(　　)

(11) 以蒙皮为基准进行装配时,可在不提高零件制造准确度的前提下,获得高的部件外
形准确度。(　　)

(12) 调质钢大多为高碳钢,高碳钢经调质后能保证良好的综合性能。(　　)

(13) 将铝合金制件放在硫酸电解液槽的阳极上,通以电流,在零件表面生成一层起保护
作用的致密氧化膜,这种表面处理方法称阳极氧化法。(　　)

(14) 在飞行器结构中,为结构和使用的需要而取的分离面称为工艺分离面或使用分离

面。（　　）

（15）飞行器装配准确度的要求主要包括飞行器空气动力外形准确度和飞行器各部件之间对接准确度两方面内容。（　　）

2. 单项选择题

（1）选择装配图的主视图时，一般以装配体的（　　）为主视图的位置。

A. 装配位置　　　　　B. 加工位置　　　　　C. 工作位置　　　　　D. 测量位置

（2）锪孔时的转速应该是钻孔时转速的（　　）。

A. 2 倍　　　　　　　B. 1 倍　　　　　　　C. 1/2～1/3　　　　　D. 1/4～1/5

（3）在任何位置上的实际尺寸不允许超过最小实体尺寸。对于轴，其实际尺寸则应（　　）最小极限尺寸。

A. 大于　　　　　　　B. 小于　　　　　　　C. 不大于　　　　　　D. 不小于

（4）含碳量大于（　　）的碳钢，随着含碳量的增加，其强度不再增加，但硬度还有提高，塑性、韧性继续下降。

A. 0.6%　　　　　　　B. 0.8%　　　　　　　C. 1.2%　　　　　　　D. 2.21%

（5）硅是作为脱氧剂加入钢中的，是钢中有益的元素。硅在碳钢中的含量一般小于（　　）。

A. 0.5%　　　　　　　B. 0.8%　　　　　　　C. 1.2%　　　　　　　D. 2.21%

（6）高强度硬铝 LY12 用淬火时效的办法来提高强度，淬火后，时效孕育期约为（　　），可利用这段时间进行简单钣金的冷压成形或矫正淬火变形。

A. 0.5 h　　　　　　　B. 2 h　　　　　　　C. 24 h　　　　　　　D. 4～5 d

（7）钻小孔时，钻头因直径小、强度低而容易折断，故与钻一般孔相比，钻小孔要选用（　　）的转速。

A. 较低　　　　　　　B. 较高　　　　　　　C. 很低　　　　　　　D. 很高

（8）当外力逐渐增大到克服了连接件之间的摩擦阻力后，构件之间发生滑移，使钉杆压紧孔壁而承受（　　）作用。

A. 挤压力　　　　　　B. 剪切力　　　　　　C. 弯曲力　　　　　　D. 拉应力

（9）（　　）焊缝适用于强度要求不高又不需要密封的结构。

A. 连续　　　　　　　B. 间断　　　　　　　C. 搭接　　　　　　　D. 角

（10）金属铆接构件中，对接接头是各种铆接接头中采用（　　）的一种。

A. 最多　　　　　　　B. 最少　　　　　　　C. 较多　　　　　　　D. 极少

（11）（　　）是工人为完成某项工作所必须消耗的时间。

A. 作业时间　　　　　B. 定额时间　　　　　C. 准结时间　　　　　D. 基本时间

（12）（　　）是指在加工表面和加工工具均不变的情况下所连续完成的那一部分工作。

A. 工序　　　　　　　B. 工步　　　　　　　C. 工位　　　　　　　D. 走刀

（13）作业时间的（　　）是指实现基本操作，直接改变劳动对象的尺寸、形状、性质、质量、组合等所消耗的时间。

A. 准备时间　　　　　B. 辅助时间　　　　　C. 定额时间　　　　　D. 基本时间

（14）螺栓孔的孔径误差按机械加工的公差规定一般不大于（　　）mm。

A. 0.2　　　　　　　　B. 0.5　　　　　　　　C. 1.0　　　　　　　　D. 2.0

（15）检验螺栓孔主要检测其（　　　）。

A. 孔径误差　　　　B. 尺寸误差　　　　C. 形状误差　　　　D. 位置误差

3. 计算题

如图 B-6 所示铆接结构，已知：$P=2$ kN，铆钉剪切许用应力 $[\tau]=10$ Pa，铆钉挤压许用应力 $[\sigma]=21\times10$ Pa，铆钉直径 $d=4$ mm，铆钉数量 $n=4$。求：此铆钉结构强度是否符合要求？

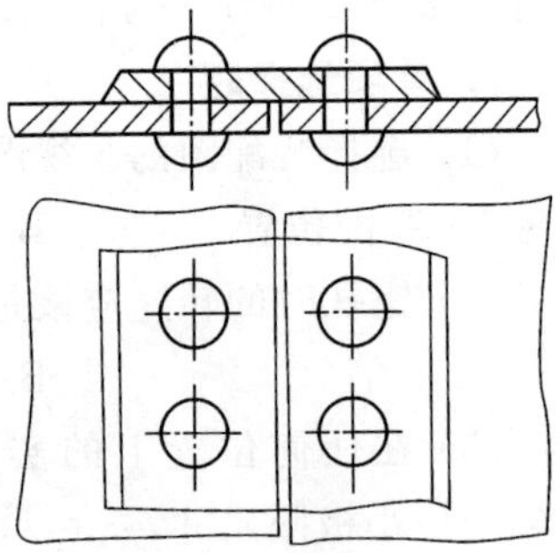

4. 问答题

（1）防锈铝合金的性能、特点是什么？常用于制造哪些零件？

（2）什么叫夹具？对夹具设计有哪些要求？

（3）铰削余量对铰削质量有什么影响？

（4）编制工艺规程的步骤是什么？

（5）等离子弧与普通电弧质的区别是什么？

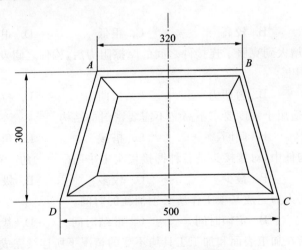

图 B-6　铆接结构示意图

二、工艺技能考核试题

1. 初级冷作工技能模拟试题

（1）题目名称：梯形角钢框展开样板的制作。

（2）题目内容：除展开样板外，还需要制作成形卡样板，以备装配时用。

（3）考前准备：

① 熟悉工件图样，如图 B-7 所示。

图 B-7　梯形角钢框的图样尺寸

② 考核技术要求：

- 展开图的误差在 0.5 mm 以内；
- 角钢表面不允许有油渍、污物；
- 由考生个人独立完成。

③ 设备、场地：放样台（场地宽敞、整洁）。

④ 工具、夹具、量具：钢直尺、角尺、石笔、木锤、样冲、铁皮剪子、锉刀、台钳。

⑤ 备料：角钢材规格为 50 mm×50 mm×5 mm，$l=1\,600$ mm，材质为 Q235。

（4）时限：240 min。

初级冷作工的考核内容、配分及评分标准如表 B-1 所列。

表 B-1 初级冷作工的考核内容、配分及评分标准

项 目	序 号	考核内容	配 分	评分标准
一般项目	1	边长(500±0.5) mm	10	超差 1 mm 扣 3 分； 超差 2 mm 扣 6 分； 超差＞3 mm 无分
	2	边长(320±0.5) mm	10	
	3	高(300±0.5) mm	10	
	4	正确剪切及修磨样板	10	每处不正确扣 2 分(包括合理使用工具)
	5	表面质量	10	有明显锤印、剪痕，每出现一处扣 1 分
主要项目	1	切口 A、B 尺寸±0.5 mm	15	超差 1 mm 扣 3 分； 超差 2 mm 扣 6 分； 超差＞3 mm 无分
	2	切口 C、D 尺寸±0.5 mm	15	
	3	2 个角度(即成形卡)的样板	10	超差 1°扣 2 分；超差＞2°无分
安全文明生产	1	遵守安全规程	3	违反操作规程扣 3 分
	2	服从监考人员安排	3	不服从监考人员安排，情节轻微扣 3 分；严重扰乱考场秩序，应立即退场，并处以考核不及格
	3	清扫场地	4	场地不整洁，扣 4 分

2. 中级冷作工技能模拟试题

（1）题目名称：等径正圆管叉形弯头管的展开及成形。

（2）题目内容：先将板料分别剪切成形，再将各部分组合成等径正圆管叉形弯头管。

（3）考前准备：

① 熟悉工件图样，如图 B-8 所示。

② 考核技术要求：

• 要求考生独立完成试题；

• 手工下料，成形前可使用砂轮机，成形后只允许用锉刀进行手工修整；

• 每节圆管的纵缝对接处必须错开；

• 考生若中途换料重做，则每换一块料扣 10 分；

• 如图 B-8 中标明的 Ⅰ、Ⅱ、Ⅲ 部分用一块料成形。

③ 设备、场地：砂轮机、工作台、放样台(场地宽敞、整洁)。

④ 工具、夹具、量具：大小锤子各一把、型锤或木锤、钢直尺、样冲、扁錾、划针或石笔、半圆锉、台钳。

⑤ 备料：板料规格为 100 mm×330 mm×1.5 mm(2 块)、200 mm×350 mm×1.5 mm(2 块)和 150 mm×330 mm×1.5 mm(2 块)，材质为 Q235。

（4）时限：330 min。

中级冷作工的考核内容、配分及评分标准如表 B-2 所列。

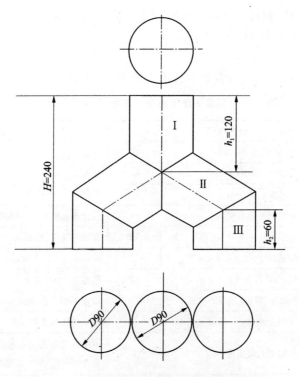

图 B-8　等径正圆管叉形弯头管的图样尺寸

表 B-2　中级冷作工的考核内容、配分及评分标准

项　目	序　号	考核内容	配　分	评分标准
主要项目	1	3 个端口直径(90±0.5)mm	30	每超差 0.5 mm 扣 3 分;超差≥2 mm 无分
	2	3 个端口圆度	15	每超差 0.5 mm 扣 2.5 分;超差≥2 mm 无分
	3	中心高度 240 mm	10	每超差 0.5 mm 扣 2.5 分;超差≥2 mm 无分
	4	环缝对接的圆度(3 条)	12	每超差 0.5 mm 扣 1.5 分;超差≥1 mm 无分
	5	Ⅱ、Ⅲ管之间夹角 120°±1°	10	每超差 0.5°扣 2.5 分;超差≥2°无分
一般项目	1	Ⅰ管高度 120 mm	4	每超差 0.5 mm 扣 2 分;超差≥1 mm 无分
	2	Ⅲ管高度 60 mm	4	每超差 0.5 mm 扣 2 分;超差≥1 mm 无分
	3	表面质量	5	有明显锤痕、锉刀印记,每出现一处扣 1 分
安全文明生产	1	遵守安全规程	4	违反操作规程扣 4 分
	2	服从监考人员安排	3	违反考场秩序,不服从监考人员安排,情节轻微扣 3 分;严重扰乱考场秩序,应立即退场,并处以考核不及格
	3	清洁工位	3	考场工位不清洁,扣 1~3 分

3. 高级冷作工技能模拟试题

(1)题目名称:正五边形盒形件的展开及成形。

(2)考前准备:

① 熟悉工件图样,如图 B-9 所示。

② 考核技术要求:

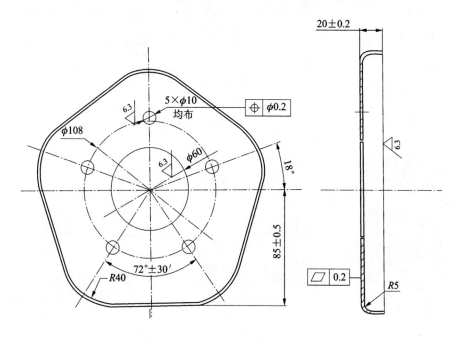

图 B-9 正五边形盒形件的图样尺寸

- 要求考生独立完成试题;
- 全部手工成形;
- 表面平整,不允许有锤击痕及褶皱;
- 未注尺寸公差按 GB/T1804—79 中的 14 级执行。

③ 设备、场地:砂轮机、工作台、放样台(场地宽敞、整洁)。

④ 工具、夹具、量具:大、小锤子各一把、型锤或木锤、钢直尺、样冲、扁錾、划针或石笔、半圆锉、台钳等。

⑤ 备料:材质为 LY12。

(3)时限:360 min。

高级冷作工的考核内容、配分及评分标准如表 B-3 所列。

表 B-3 高级冷作工的考核内容、配分及评分标准

名 称	正五边形盒形件		考 号			开工时间			
单 位						停工时间			
序 号	检测项目		配 分	评定标准		实测结果	扣分	得分	检测人
1	边线中心距尺寸(85±0.5) mm		20	每处超差扣 4 分					
2	五边形 5×(72°±30′)		10	每处超差扣 2 分					

表 B-3

名　称	正五边形盒形件		考　号		开工时间			
单　位					停工时间			
序　号	检测项目	配　分	评定标准		实测结果	扣分	得分	检测人
3	R40±0.5	5	每处超差扣1分					
4	R40 圆度	5	间隙＞0.3 mm,每处扣1分					
5	翻边高度(20±0.2) mm	5	每处超差扣1分					
6	折边垂直度 折边直线度	10	⊥每超差30′扣1分 —每超差析0.2扣1分					
7	折边底角半径 R5	5	未达到要求每处扣1分					
8	底面平面度0.2	10	每超差0.1扣5分					
9	中心孔尺寸 ϕ60±0.5	5	超差不得分					
10	中心孔位置度0.25	5	超差不得分					
11	5-ϕ10H7 位置度0.2	10	位置偏差、孔径偏差每处扣1分					
12	表面质量	5	酌情扣分					
13	安全和文明生产	5	遵守安全操作规程,遵守考场规则;违规者酌情扣分;出现人身机械事故者取消参赛资格					
14	其他							
核分人		总　分			评审组长			

参考文献

[1] 唐顺钦,唐忠库. 钣金工看图下料入门[M]. 2版. 北京:冶金工业出版社,1990.

[2] 陈万里. 钣金工下料基础知识[M]. 2版. 北京:中国建筑工业出版社,1981.

[3] (日)池田勇. 实用钣金件展开图画法[M]. 于振洲,译. 北京:国防工业出版社,1987.

[4] 天津市第一机械工业局. 钣金工必读[M]. 天津:天津科学技术出版社,1974.

[5] 简明钣金冷作工手册编写组. 简明钣金冷作工手册[M]. 2版. 北京:机械工业出版社,2001.

[6] 徐华杰,李宪麟. 冷作钣金工手册[M]. 上海:上海科学技术出版社,1983.

[7] 唐顺钦. 实用钣金工展开手册[M]. 北京:冶金工业出版社,1976.

[8] 张仲元,高中宝. 钣金工展开原理[M]. 北京:中国铁道出版社,1983.

[9] 翟洪绪. 实用铆工读本[M]. 北京:化学工业出版社,2002.

[10] 夏巨谌. 实用钣金工[M]. 2版. 北京:机械工业出版社,1995.

[11] 建设部人事教育司教材编写组. 通风工[M]. 北京:中国建筑工业出版社,2003.

[12] 刘富觉,陈斐明. 钣金基本技能训练[M]. 西安:西安电子科技大学出版社,2010.

[13] 李蔚庭. 铆工[M]. 北京:化学工业出版社,2008.